Prof. Dr. Heinz Siebenbrock

Grundlagen der Organisationsgestaltung und -entwicklung

3. Auflage 2010

ISBN 978-3-86724-166-3

3. Auflage 2010

© 2010 niederle media

Bezug möglich direkt vom Verlag
niederle media
48341 Altenberge
Fax (02505) 93 98 99
E-Mail: info@niederle-media.de
www.niederle-media.de

Vorwort/ Dossier

Weil Organisation eine elementare Führungsaufgabe darstellt, richtet sich diese Unterlage an Studierende, die eine Führungsposition anstreben. Darüber hinaus sind mit dieser Disziplin auch künftige Unternehmensberater, ganz gleich ob das Berufsziel Inhouse-Berater oder externer Unternehmensberater lautet, angesprochen.

Dazu werden im Fach ‚Organisation' Fragen der Unternehmens-, Strategie- und Organisationsentwicklung, des Technologie- und Innovationsmanagements und des Managements von Veränderungsprozessen behandelt. All diese Fragen werden praxisnah vor dem Hintergrund kleinerer und mittlerer Unternehmen (KMU) diskutiert. Insbesondere werden dabei die Einsatz- und Anwendungsgebiete neuer Informations-Technologien berücksichtigt.

Diese Unterlage behandelt die Grundlagen der Organisationsgestaltung und –entwicklung. Dazu werden einführend der Gegenstand des Organisierens, die produktiven Faktoren sowie das Leistungsprogrammder Unternehmung beleuchtet.

Die Organisationsgestaltung bildet den Kern dieser Arbeit. Zunächst werden mit der Aufbau-, Ablauf- und Projektorganisation die theoretischen Grundlagen gelegt. Anschließend wird mit dem klassischen Analyse-Synthese-Konzeptein zweckmäßiges organisatorisches Vorgehen vorgestellt. Dieses Vorgehensmodell wird ergänzt um praktische Methoden der Organisationsanalyse, Ansätze zur Verbesserung der Organisation und um ausgewählte Instrumente der Organisationsgestaltung. Schließlich soll auch die Datenverarbeitung als Handlungsrahmen der Organisationsgestaltung Beachtung finden.

Die Darstellung eines systematischen Vorgehensmodells zur Organisationsgestaltung soll nicht darüber hinwegtäuschen, dass Unternehmen auch mit sehr ausgefeilten (organisatorischen) Instrumenten nur begrenzt regelbar sind. Vor diesem Hintergrund werden pragmatische Ansätze des Change-Management in ihren Grundzügen beschrieben. Dabei wird die begrenzte Regelbarkeit nicht als Problem aufgefasst, das zu behandeln, zu eliminieren bzw. ‚in den Griff zu bekommen' ist. Vielmehr wird die begrenzte Regelbarkeit als Chance verstanden, dem Change-Management eine breite, mitarbeiterorientierte Basis zu geben, um auf diese Weise die Wettbewerbsfähigkeit des Unternehmens in einem turbulenten Umfeld zu erhöhen. In diesem Zusammenhang ist zu fordern, dass Unternehmen zu lernenden Organisationen werden müssen.

Der Autor:

Prof. Dr. Heinz Siebenbrock (geb. 1960) lehrt an der Hochschule Bochum „Allgemeine Betriebswirtschaftslehre" sowie das Fach „Unternehmensorganisation" und ist Mitbegründer des Labors für eBusiness im Fachbereich Wirtschaft.

Seine beruflichen Stationen:

- Assistent am Lehrstuhl für BWL, insbes. Distribution und Handel, Universität Münster
- Vorstandsassistent eines Unternehmens der holzverarbeitenden Industrie
- Geschäftsführer einer konzerngebundenen Holzhandlung
- Mitglied der Geschäftsleitung eines Einkaufsverbandes für Eisen- und Hartwaren

4

Inhaltsverzeichnis

6

Abbildungsverzeichnis

8

1 Begriffliche Grundlagen

Auch in der Alltagssprache kommt das Wort Organisation vor: der Nachbar organisiert Getränke für den gemeinsamen Abend, der Verwandte
organisiert ein Fest, zwielichtige Gestalten organisieren einen (Ein)Bruch,
sogar vom organisierten Verbrechen ist die Rede. Organisation erscheint
vor dem Hintergrund dieser Beispiele als äußerst komplexes Phänomen.
Doch bei näherem Hinsehen zeigt sich, dass nur eines der oben genannten Beispiele tatsächlich etwas mit Organisation in dem hier zu behandelnden betriebswirtschaftlichen Kontext zu tun hat: erstaunlicherweise
das organisierte Verbrechen im Sinne eines Syndikats. In allen anderen
Beispielen entpuppt sich ,organisieren' als verschleierndes, ,cooles'
Modewort für treffendere Ausdrücke: Der Nachbar ,besorgt' Getränke, der
Verwandte ,bereitet' ein Fest ,vor', die zwielichtigen Gestalten ,planen'
einen Bruch. ,Organisiertes Verbrechen' wird hingegen mit festen Strukturen assoziiert; man denkt an Macht und Unterdrückung, an eingehaltene
und übertretene Regeln, an Instrumente, mit denen die Strukturen
erhalten werden sollen.

Darum geht es auch hier, wenngleich sich die nachfolgenden Erläu-
terungen auf legale Gebilde beziehen werden:
Organisation zielt ab auf eine langfristige, dauerhafte und stabile Strukturierung. Im Gegensatz dazu bezeichnet die Improvisation eine kurzfristige, labile Strukturierung. Disposition liegt vor, wenn es sich um eine
einmalige, (sofortige), elastische Strukturierungsform handelt[1]. Disposition
ist gewissermaßen eine Improvisation innerhalb eines organisatorischen
Rahmens.

Der Begriff Organisation selbst beinhaltet mindestens drei Bedeutungs-
inhalte[2]:

* Der funktionale bzw. instrumentelle Organisationsbegriff beschreibt
  Organisation als Tätigkeit des Organisierens (,Die Unternehmung
  betreibt Organisation').

* Der strukturale Organisationsbegriff kennzeichnet Organisation als
  Zustandsbeschreibung bzw. als Ergebnis des Organisierens (,Die
  Unternehmung hat eine Organisation'). Beispiele:
  * Ablauforganisation (Prozessbeschreibungen, Vorschriften) und
  * Aufbauorganisation (Organigramme).

---

[1] Röthig, P., Grundbegriffe der Organisation, 6. Aufl., Gießen 1989, Seite 3.
[2] Grochla, E., Unternehmensorganisation, Reinbek bei Hamburg 1972, S. 2.

- Der institutionale Organisationsbegriff definiert Organisation als Institution (‚Die Unternehmung ist eine Organisation‘):
  - Unternehmen sind ein besonderer Typus von Organisationen.
  - Daneben gibt es auch andere Organisationen, beispielsweise Parteien, Kirchen, Gewerkschaften, Familien und so weiter.

Bei der Organisationsgestaltung geht es darum, eine für das individuell zu betrachtende Unternehmen passende Organisation zu entwickeln. Dies kann zum einen *Organisationsveränderung*, zum anderen aber auch *Organisationserhaltung* bedeuten. Ein Umgehen mit diesen und weiteren natürlichen Widersprüchlichkeiten, wie sie auch in den organisationsrelevanten Gegensätzen ‚Zentralisation versus Dezentralisation‘ und ‚Objektorientierung versus Verrichtungsorientierung‘ ersichtlich werden, bildet die große Herausforderung der Organisationsgestaltung.

Bei allem organisatorischen Bemühen kommt es darauf an, sowohl ein Zuviel an Organisation (‚Überorganisation‘) als auch ein Zuwenig an Organisation (‚Unterorganisation‘) zu vermeiden.

2 Die produktiven Faktoren und das Leistungsprogramm der Unternehmung

Der Zweck des Organisierens besteht darin, die produktiven Faktoren (Input) und/oder das Leistungsprogramm (Output) des Unternehmens zielführend zu beeinflussen. Dabei lassen sich zwei grundlegend verschiedene Zielkategorien voneinander unterscheiden: das *Formalziel* (= Ziel) und das *Sachziel* (= Zweck).

Das *Sachziel* besteht darin, die Absatzmärkte mit Produkten und/ oder Dienstleistungen zu versorgen. Ein Möbelhersteller versorgt die Menschen etwa mit Stühlen und Tischen, während ein Beratungsunternehmen Unternehmen in besonderen Situationen mit Rat und Tat zur Seite steht.

Mit *Formalziel* wird das angestrebte wirtschaftliche Ergebnis bezeichnet. Im Formalziel werden sowohl der angestrebte Input (Wert der eingesetzten Produktionsfaktoren) als auch der angestrebte Output (Wert der abgesetzten Leistungen) zum Ausdruck gebracht. Dieser Definition entsprechend ist ein Umsatzziel noch kein vollständiges Formalziel, weil keine Inputgröße genannt ist. Viele Unternehmen sehen in der Gewinnmaximierung das Formalziel des Unternehmens. Einige Unternehmen beziehen bei der Formulierung des Formalziels auch die Kapitalseite mit ein, so dass sie das Formalziel als Rendite (Gewinn / Eigenkapital) formulieren. Kritiker halten dieser Sichtweise entgegen, dass es möglich ist, zu Lasten der Zukunft kurzfristig Gewinn und Rendite zu erhöhen.

Aus dieser Kritik leitete man den Vorschlag ab, dass das Formalziel eines Unternehmens aus der Sicherung der Überlebensfähigkeit besteht. Mit Blick auf die häufige Praxis, Unternehmensteile abzutrennen (Outsourcing, MBO: Management-Buy-Out), Unternehmen zu teilen oder Unternehmen zu verschmelzen (Fusion), ist dieser Vorschlag nicht nur auf Akzeptanz gestoßen. In der Unternehmenspraxis herrscht jedoch weitgehend Einigkeit darüber, dass ein gut geführtes Unternehmen langfristig die Gewinnmaximierung anstreben sollte. Dazu Hermann-Josef Abs, der frühere Vorstandsvorsitzende und Ehrenvorsitzende des Aufsichtsrates der Deutschen Bank: „Gewinne zu machen ist so wichtig wie die Luft zum Atmen. Es wäre traurig, wenn wir nur auf der Welt wären, um Luft zu atmen, genauso wie es schlimm wäre, würden wir nur Unternehmen führen, um Gewinne zu machen."[3] Mit Hilfe des (langfristigen) Gewinnmaximierungszieles lässt sich ein Unternehmen auch treffend gegenüber anderen Organisationen (im Sinne von sozio-technischen Systemen) abgrenzen: Familien, gemeinnützige Organisationen, Vereine, politische Parteien, Kirchen und Staaten kennen kein Ziel der Gewinnmaximierung.

---

[3] Gefunden in: Schmidt, Josef, Vorbilder – Leitbilder, Bayreuth, 2. Aufl. 1989, S. 58.

Die produktiven Faktoren und das Leistungsprogramm der Unternehmung eignen sich gut für eine erste organisatorische Betrachtung: Dazu sei der Blick noch nicht in die Unternehmung, sondern auf die Unternehmensgrenzen gerichtet. Die nachfolgende Abbildung stellt das Unternehmen als so genannte ‚black box' in den Mittelpunkt. Um die Unternehmung herum sind die wichtigsten Institutionen positioniert, wobei auch die Art der Beziehungen mit diesen Institutionen in Form einer Output- und einer Inputkomponente dargestellt sind.

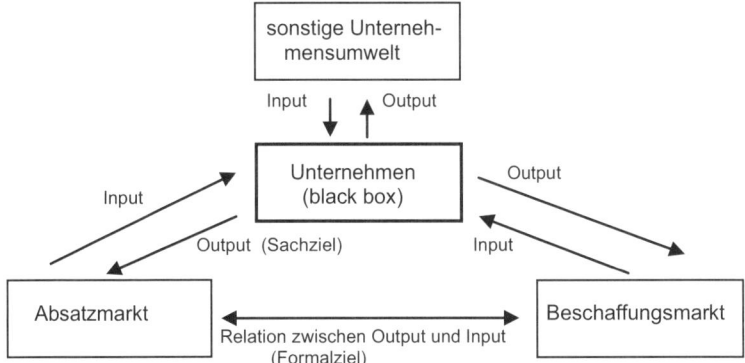

Abbildung 1:   Die Input- und Output-Beziehungen im Überblick

Dem Unternehmen muss es gelingen, die Input- und Output-Beziehungen unter Kontrolle zu halten. Die wertmäßige Relation zwischen den abgesetzten Leistungen und den eingesetzten Produktionsfaktoren muss langfristig positiv sein, sollte langfristig maximiert werden. „Nur so ist die Unternehmung in der Lage, trotz Zufuhr und Abfuhr der Fließelemente, trotz Aufbau und Zerfall sich selbst - wenn auch in ständiger Veränderung ihrer Elemente - zu erhalten." [4]

Um Leistungen herstellen zu können, setzt die Unternehmung **Produktionsfaktoren** (= Input) ein. Während in früheren Lehrbüchern der Betriebswirtschaftslehre mit Blick auf strenge Hierarchien in den Unternehmen großer Wert auf die Unterscheidung der Produktionsfaktoren dahingehend gelegt wurde, ob die Produktionsfaktoren von leitenden Mitarbeitern (‚dispositive Produktionsfaktoren') oder von ausführenden Mitarbeitern (‚elementare Produktionsfaktoren')[5] beeinflusst und bewegt wer-

---

[4]   Ahlert, D., Franz, K.-P., Kaefer, W., Grundlagen und Grundbegriffe der Betriebswirtschaftslehre, 5. Aufl., Düsseldorf 1990, S. 108 ff..

[5]   Vgl. zum Beispiel Gutenberg, E., Einführung in die Betriebswirtschaftslehre, Wiesbaden 1958.

12

den, erscheint eine eher sachliche Differenzierung heute als tragfähigere Grundlage für die Organisationsgestaltung.

Zu den Produktionsfaktoren gehören

- Material in Form von
  - Rohstoffen, die die Hauptbestandteile der zu erstellenden Leistung darstellen (z.b. Holz für die Möbelproduktion),
  - Hilfsstoffen, die als Nebenbestandteile gelten (z.b. Schrauben, Leim für die Möbelproduktion),
  - Betriebsstoffe, die nicht Bestandteil der Erzeugnisse werden (z.b. Schmierstoffe und Energie für die eingesetzten Maschinen),
  - bezogene Teile, die nicht verarbeitet, sondern eingebaut werden,
  - bezogene Handelswaren zur Ergänzung des eigenen Leistungs-programms,
  - Verpackungsmaterial,
  - Sonstiges (z.B. Büromaterial).

- Arbeit in Form der
  - Arbeitsleistung der Beschäftigten und in Form von
  - Dienstleistungen anderer Unternehmen bzw. Organisationen.

- Investitionsgüter in Form von
  - materiellen Anlagegegenständen (Gebäude, Maschinen, Com-puter usw.) und
  - immateriellen Anlagegegenständen (Patente, Lizenzen, Konzes-sionen, immaterieller Firmenwert, sog. Goodwill usw.).

Diese Produktionsfaktoren müssen beschafft und in der richtigen Menge zum richtigen Zeitpunkt für den Produktionsprozess bereitgestellt werden. Dabei macht es einen Unterschied, ob die Produktionsfaktoren regel-mäßig oder unregelmäßig beschafft werden. Um sich vor „bösen Über-raschungen" zu schützen, wird versucht, unregelmäßige in regelmäßige Beschaffungsakte zu überführen. So wird nicht etwa abgewartet, bis eine Maschine defekt ist; stattdessen werden in regelmäßigen Abständen Wartungsarbeiten durchgeführt und Maschinenteile ausgetauscht. Der **Prozess** wird also **organisiert**. Dies gilt in aller Regel erst Recht für die regelmäßigen Prozesse, wobei sich Regelmäßigkeit sowohl auf die Zeit (feste zeitliche Abstände; Rhythmen) als auch auf ein definiertes Niveau bzw. auf einen definierten Anlass (z.B. Unterschreitung des Mindestbe-standes, Erreichung einer Entfernung) beziehen kann.

Für eine erste, genauere Betrachtung des regelmäßigen Bedarfs hat sich das so genannte Pareto-Prinzip als sehr hilfreich erwiesen.

Der italienische Volkswirtschaftler Wilfredo Pareto (1848 - 1923) untersuchte die Erscheinungen seiner Zeit, vor allem aus wirtschaftlichen Gesichtspunkten, und fand unter anderem heraus, dass sich im Italien des 19. Jahrhunderts 80% des

Besitzes in den Händen von lediglich 20% der Einwohner des Landes befanden. Dieser als „Pareto-Prinzip" bezeichnete Sachverhalt lässt sich auch auf viele andere Lebens- und Wirtschaftsbereiche übertragen. In einigen Industrieunternehmen hat man beobachtet, dass etwa 80% des Umsatzes von lediglich 20% der Kunden getätigt werden, oder dass 80% des Ausschusses auf nur 20% aller Produktionsfehlermöglichkeiten zurückzuführen sind.

Die 80/20-Regel (= Pareto-Prinzip) spielt auch für die Beschaffung von Produktionsfaktoren eine Rolle: Wenn festgestellt wird, dass ein Großteil der beschafften Güter einen vergleichsweise deutlich geringen Anteil am gesamten Einkaufsvolumen besitzt, sollte dieser Sachverhalt nahelegen, dass die Beschaffungsprozesse differenziert werden. Die (organisatorischen) Konsequenzen reichen von der Vereinfachung des Einkaufs geringwertiger Güter bis hin zu einem modernen C-Teile-Management[6], das den Lieferanten in die Gestaltung und Umsetzung vereinfachter Beschaffungsprozesse einbezieht. Die Grundform des C-Teile-Managements besteht darin, dass ein Lieferant seinem Kunden Sammelbestellungen auf der Grundlage individualisierter Bestellkataloge, die als Datenverarbeitungs-Anwendung im Inter- oder Intranet verfügbar sind, anbietet.

Das **Leistungsprogramm** (= Output) einer Unternehmung besteht aus den Produkten und Dienstleistungen, die ein Unternehmen anbietet. Der Unternehmung steht es frei, eine zeitliche und/ oder eine kundenorientierte Differenzierung vorzunehmen. So kann sie Produkte und Leistungen neu ins Leistungsprogramm aufnehmen, wenn sie sich davon wirtschaftlichen Erfolg verspricht. Genauso werden weniger erfolgreiche Teile des Leistungsprogramms mehr oder weniger systematisch eliminiert. Einige Unternehmen betreiben die zeitliche Differenzierung in Form eines Saisongeschäfts. In Bekleidungshäusern findet man z.B. im Winter ein anderes Sortiment als im Sommer. Die kundenorientierte Differenzierung wird dann vorgenommen, wenn die Unternehmung unterschiedlichen Kunden unterschiedliche Sortimente anbietet. Mit Hilfe elektronischer Kataloge ist es heutzutage vergleichsweise leicht möglich, Kunden ein individuelles, speziell auf sie zugeschnittenes Sortiment zu präsentieren. Im B2B (Business to Business; Großhandel; Geschäft zwischen professionellen Abnehmern)[7] werden die Artikel in diesen Kataloge häufig auch mit individuell verhandelten Preisen versehen.

---

[6] Mit Hilfe einer so genannten ABC-Analyse wird die mit der 80/20- Regel verbundene Zweiteilung zu Gunsten einer Dreiteilung ersetzt. Für den Einkauf von Produktionsfaktoren bedeutet dies, dass die wenigen A-Artikel in großen Stückzahlen, B-Artikel in mittleren Stückzahlen und die vielen C-Artikel in geringer Stückzahl beschafft werden.

[7] Im Gegensatz dazu versteht man unter B2C (Business to Consumer) Geschäfte von Unternehmen mit Privatpersonen, also den Einzelhandel. Zum Großhandelsbegriff vgl. auch Ahlert, D., Siebenbrock, H., Der Großhandelsbegriff im Spannungsfeld marketingwissenschaftlicher, wettbewerbspolitischer und wettbewerbsrechtlicher Betrachtungen, in: Betriebs-Berater, Beilage 15/1987 zu Heft 23/1987.

14

Hersteller und Händler unterscheiden sich in sprachlicher Hinsicht deutlich, wenn das Leistungsprogramm Gegenstand der Betrachtung ist. In der vorstehenden Abbildung werden diese Unterschiede deutlich: Während der Hersteller von Produktlinien spricht, um sein Leistungsprogramm grob zu gliedern, benutzt der Händler die Bezeichnung Warengruppe. In der weiteren Untergliederung stehen sich die Begriffe Produktart (Hersteller) und Sorte (Händler) gegenüber. Auf der untersten Ebene sprechen Hersteller von Produkten und Produktvarianten, während Händler den Begriff Artikel bevorzugen.

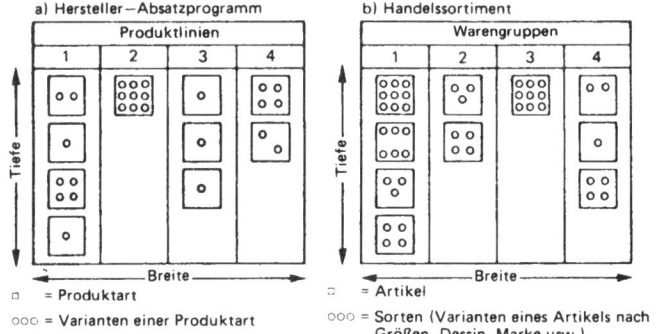

Abbildung 2:   Das Leistungsprogramm von Herstellern und Händlern[8]

Sowohl Hersteller als auch Händler benutzen die Begriffe Breite und Tiefe zur genaueren Kennzeichnung ihres Leistungsprogramms. Mit dem Begriff Breite wird Bezug auf die Anzahl unterschiedlicher Produktlinien und Warengruppen genommen, während der Begriff Tiefe auf die Differenzierung innerhalb von Warengruppen und Produktlinien hinweist. Es sind verschiedene Versuche unternommen worden, die sortiments-charakterisierenden Begriffe zu objektiveren, um darauf aufbauend objektive Warengruppen bzw. Warenklassen zu bestimmen. Für betriebsübergreifende Betrachtungen (Benchmarking, Betriebsvergleiche, Statistiken) und zur Erleichterung der Vergleichbarkeit (z. B. insbesondere auch auf elektronischen Marktplätzen, so genannten Portalen) sind solche Konventionen zwar sehr hilfreich. Ahlert/ Franz/ Kaefer weisen darauf hin, dass es bei der gedanklichen Differenzierung des Leistungsprogramms auf die absatzpolitische Verbundenheit ankommt, und die ist in aller Regel unternehmensindividuell:

„Aus absatzpolitischer Sicht spricht man von einer Produktlinie, wenn die Güter absatzmäßig miteinander verbunden sind, sei es, dass sie das gleiche Bedarfsfeld betreffen (z. B. Spirituosen), dass sie zusammen benutzt werden (z. B. Tennis-

---

8   Quelle: Ahlert, D., Franz, K.-P., Kaefer, W., Grundlagen und Grundbegriffe der Betriebs-wirtschaftslehre, 5. Aufl., Düsseldorf 1990, S. 117.

schläger und -bälle), dass sie an dieselbe Verbrauchergruppe verkauft werden (z.
B. Baby-Bekleidung, -nahrung und -kosmetika) oder dass sie in dieselbe Preis-
gruppe fallen bzw. zu demselben Anlass gekauft werden (z. B. "Ramsch" für
Schlussverkäufe)."[9]

All diese begrifflichen Bemühungen bezwecken, eine gedankliche Ordnung in das Leistungsprogramm von Unternehmen zu bekommen. Diese
gedankliche Ordnung bildet dann die Grundlage für die Präsentation des
Leistungsprogramms in Form von Preislisten und Katalogen bis hin zur
Abteilungsbildung und -gestaltung. Letzteres kann man in stationären
Handelsunternehmen sehr gut beobachten. Damit wird deutlich, dass das
Leistungsprogramm eines Unternehmens nicht ohne Auswirkungen auf
die innere Organisation eines Unternehmens, das wir bisher nur als ‚black
box' betrachtet haben, bleiben kann. Die im Leistungsprogramm festge-
legte Anzahl von Produktarten und Varianten bildet einen entscheidenden
Einfluss auf die Auf- und Ablauforganisation (vgl. Kap. 3) des Unternehmens einschließlich der zum Einsatz kommenden Fertigungsver-
fahren.

---

[9] Ahlert, D., Franz, K.-P., Kaefer, W., Grundlagen und Grundbegriffe der Betriebswirtschaftslehre, 5. Aufl., Düsseldorf 1990, S. 118.

3 Theoretische Grundlagen der Organisationsgestaltung

Während die Aufbau- und Ablauforganisation darauf abzielt, dauerhafte Strukturen zu bilden, wird mit der Projektorganisation eine Möglichkeit vorgestellt, parallel zur Dauerorganisation ein Veränderungsmanagement zu institutionalisieren.

Die Gesamtaufgabe wird in allen Mehrpersonen-Unternehmen arbeitsteilig erfüllt. Durch Arbeitsteilung gelingt es mindestens, solche Aufgaben, die die Arbeitskraft eines Menschen oder die Kapazität einer Maschine übersteigen, überhaupt zu erfüllen. Darüber hinaus ist es jedoch weitgehend üblich, nicht alle Personen mit den gleichen Teilaufgaben zu betrauen, sondern sie entsprechend ihren Fertig- und Fähigkeiten unterschiedlich einzusetzen (= Spezialisierung).
Diese Differenzierung der Arbeit findet ihr Gegenstück in der Koordination. Koordination bedeutet, Unternehmensteile und die Teilaufgaben des Unternehmens so zusammenzuführen, dass das Formalziel (= Ziel) und das Sachziel (= Zweck) des Unternehmens so wirksam wie möglich erreicht werden. Insofern kann die **Koordination** auch als eine **elementare Führungsaufgabe** bezeichnet werden.

Der Gegenstand des Organisierens kann sowohl aus der Aufbau- als auch aus der Ablauforganisation bestehen. Beide Formen schließen sich in der Praxis keineswegs aus, sondern kommen fast immer gemeinsam vor. Allerdings lässt sich sagen, dass in einigen Organisationsprojekten der Anteil aufbauorganisatorischer Arbeit überwiegt, während in anderen Projekten der ablauforganisatorische Anteil überwiegt. Darüber hinaus liegen dem Anlass eines Organisationsprojektes häufig Überlegungen entweder zur Ablauf- oder zur Aufbauorganisation zugrunde. Und auch das Projekt selbst lässt sich mit Hilfe von Organisation - also Projektorganisation - leichter bewältigen.

Wenn zum Beispiel die Geschäftsführung eines Unternehmens feststellt, dass sie über einen nicht ausreichenden Kontakt zu den „einfachen" Mitarbeitern in Produktion und Vertrieb verfügt, könnte sie auf die Idee kommen, die Hierarchiestufen des Unternehmens einmal zu beleuchten. Im Laufe der Zeit hat sich vielleicht eine Direktorenebene, eine Abteilungsleiterebene, dazwischen noch eine Hauptabteilungsleiterebene herausgebildet; und ergänzend zu den Gruppenleitern, die den Hauptgruppenleitern unterstellt sind, wurde vor kurzem auch noch die Teamleiterebene eingeführt. In der Produktion gibt es darüber hinaus noch Meister und Vorarbeiter. Ein Abbau der Hierarchieebenen, etwa die Reduzierung um 2 bis 3 Stufen, könnte dazu beitragen, die Nähe zur

17

Basis wiederherzustellen. Dieses (Re-) Organisationsprojekt ist *aufbau-induziert*. Selbstverständlich wird man spätestens während der Umsetzung eines solchen Organisationsprojektes auch Abläufe (= Prozesse) verändern und den neuen aufbauorganisatorischen Gegebenheiten anpassen müssen.

Ein Beispiel für ein authentisches *ablaufinduziertes* Organisationsprojekt stellt die nachfolgende Kurzfallstudie „Einheitliche Reklamationsbearbeitung" dar. Wir werden sehen, dass auch hier die Aufbauorganisation berührt wird. Letzten Endes ist es in der Praxis nicht möglich, die Gestaltung der Aufbauorganisation völlig losgelöst von der Gestaltung der Ablauforganisation zu betreiben. Wenn etwa neue Stellen, neue Teams oder neue Abteilungen geschaffen werden, werden gleichzeitig auch die Aufgaben festgelegt, die diese Systemelemente innerhalb des Gesamtsystems ,Unternehmung' zu erfüllen haben. Und wer glaubt, die Gestaltung der Ablauforganisation völlig losgelöst von der Gestaltung der Aufbauorganisation praktisch betreiben zu können, läuft in vielen Fällen ebenso in die Irre: Prozessänderungen beziehen sich im sozio-technischen System Unternehmung nur selten allein auf die Technik, fast immer sind auch die in der Organisation arbeitenden Menschen betroffen; nicht selten geht mit einer gravierenden Änderung der Ablauforganisation auch die Änderung der Aufbauorganisation einher.

3.1 Einstieg: Kurzfallstudie „Einheitliche Reklamationsbearbeitung"

Ein Unternehmen produziert Holzwerkstoffe (Spanplatten, MDF-Platten und Sperrholz) in 7 Werken. Jedes Werk produziert mindestens zwei Holzwerkstoffarten. Darüber hinaus haben sich einige Werke auf die Veredelung von Holzwerkstoffen spezialisiert. Dazu gehört der Zuschnitt, die Anbringung von Nuten und Federn (Bodenverlegeplatte), die Beschichtung in Form von Laminat oder Echtholz (Furnier) sowie die Fertigung von Möbelfertigteilen (Zuschneiden von Formteilen inklusive Anbringen von Kanten und Bohren). Die Werke waren früher als Profit-Center[10] organisiert, so dass sie sowohl auf dem Markt der Industriekunden (Möbelhersteller) als auch auf dem Markt der Handelskunden (Holzhändler) in Konkurrenz zueinander standen. Vor diesem Hintergrund beschloss die Geschäftsleitung, den Vertrieb zu zentralisieren und die

---

[10] Ein Profit-Center ist eine organisatorische Teileinheit, die ein eigenes, vollständiges betriebswirtschaftliches Ergebnis ausweist. Vgl. zum Begriff des Profit-Centers ausführlich Siebenbrock, H., Abteilungen mit Unternehmersinn (AmU) im Handel, Frankfurt u.a. 1992, S. 17 – 82; vgl. auch Siebenbrock, H., Handelsorganisation aus der Froschperspektive, in: Absatzwirtschaft 10/1992.

Werke in Form so genannter Cost-Center[11] zu führen. In dieser ‚neuen Organisation' vergibt nunmehr der Vertrieb (und nicht der Kunde) Aufträge an das Werk.

Im Gegensatz zum Vertrieb ist den Werken das Reklamationswesen ‚aus gutem Grund' nicht aus der Hand genommen worden: Der kurze Weg zwischen Kunden und Werken im Falle einer Reklamation sollte dazu beitragen, dass Fehler in der Produktion, die gewaltige Kosten verursachen könnten, möglichst rasch behoben werden.

Den Kunden gefiel diese Situation allerdings nicht: In jedem Werk gab es andere Formen der Reklamationsbearbeitung. Einige Werke bestanden darauf, ausführliche Reklamationsbögen auszufüllen, bei anderen genügte ein Telefonat. Mit zahlreichen Beschwerden über das Reklamationswesen konfrontiert, beschließt der Vorstand des Unternehmens, das Reklamationswesen mit der Maßgabe zu vereinheitlichen, keine aufbauorganisatorische Lösung zu wählen. Die Zentralisierung des Reklamationswesens in Form der Gründung einer zentralen Reklamationsabteilung sollte also nicht in Frage kommen.

Der für ‚Controlling, Informationswesen und Organisation' zuständige Vorstand übernimmt diese Aufgabe und delegiert sie an seinen Assistenten mit der zusätzlichen Maßgabe, ein möglichst effizientes Verfahren zu entwickeln. Durch die Vereinheitlichung des Verfahrens sollten Synergieeffekte entstehen; darüber hinaus sollte das Verfahren dazu beitragen, die Reklamationen der Werke miteinander zu vergleichen, um hieraus Verbesserungen für alle Werke abzuleiten.

Dieser Vorstandsassistent besucht daraufhin alle 7 Werke, um sich die Situation vor Ort anzuschauen. Ausgestattet mit Notebook und entsprechenden Programmen macht er sich daran, die Reklamationsprozesse in jedem einzelnen Werk zu erforschen und zu dokumentieren. In 3 Werken kann er auf vorhandene Prozessbeschreibungen zurückgreifen, die er mit Hilfe von Interviews fundiert und entsprechend anpasst. In den anderen 4 Werken ist er gänzlich auf seine Beobachtung und auf Befragungen angewiesen, was den Aufenthalt entsprechend verlängert.

In sein Büro zurückgekehrt, legt er sämtliche Prozess-Darstellungen nebeneinander. Zwei Vorgehensweisen gefallen ihm besonders gut, so dass er sie so miteinander kombiniert, dass die jeweiligen Vorteile zum Tragen kommen, während die jeweiligen Nachteile eliminiert werden. Stolz berichtet er seinem Vorgesetzten, dass die Arbeit nun vollendet sei. Er habe den optimalen Reklamationsprozess entworfen, und zwar nicht im stillen Kämmerlein am grünen Tisch, sondern er habe sich die Mühe

---

[11] Ein Cost-Center ist eine organisatorische Einheit, der Umsätze nicht unmittelbar zugeordnet werden können, während die verursachten Kosten ermittelt werden.

gemacht, alle Werke zu besuchen; und er habe sich ausführlich vor Ort erkundigt. ‚Aus der Praxis für die Praxis‘, das habe er an seiner Hochschule so gelernt.

Auf die Frage, ob er den vermeintlich optimalen Prozess mit irgendjemandem abgestimmt habe, antwortet der Assistent mit loyalem Unterton: „Natürlich nicht, Herr Vorstand. Sie sollten doch der Erste sein, der informiert wird!" Der Vorgesetzte rümpft die Nase, was den Assistenten irritiert: „Ist irgend etwas?" „Nun," antwortet der Vorgesetzte zaghaft. „Stellen Sie sich bitte einmal vor, ich hätte Ihnen genau vorgeschrieben, was zu tun ist, um das Reklamationswesen in den Griff zu bekommen. Jeden einzelnen Schritt." Der Assistent wird nachdenklich: „Sie meinen ...?" „Genau das meine ich, lieber Mitarbeiter," antwortet der Vorstand. „Genau das wollen Sie nun tun. Sie entscheiden sich für einen Prozess und wollen den Mitarbeitern in den Werken nun jeden einzelnen Schritt vorschreiben. Haben Sie denn nicht auch auf der Hochschule gelernt, dass man Betroffene möglichst zu Beteiligten machen soll?" „Doch, doch!" beeilt sich der Assistent zu sagen. „Aber ich habe an die Kosten gedacht. Wenn ich jedes Werk an der Bestimmung des optimalen Prozesses beteilige, dauert das doch ewig." „Und es kostet eine Menge Geld", ergänzt der Vorstand. „Aber verlassen Sie sich darauf: Es lohnt sich! Denn die Umsetzung wird erfahrungsgemäß derartig beschleunigt, dass die in der Entwurfsphase zusätzlich erforderliche Zeit und die höheren Kosten mehr als kompensiert werden."

Gesagt, getan. Der Vorstandsassistent spricht mit den Werksdirektoren und bittet darum, dass das Werk an der Neugestaltung des einheitlichen Reklamationsprozesses teilnimmt. Nicht jeder Werksdirektor hat für diese Maßnahme Verständnis, da das Reklamationswesen in seinem Werk doch schließlich gut funktioniere. Außerdem könne man auf die Arbeitskraft des vorgesehenen Mitarbeiters, der ja zu allem Überfluss auch noch zu der Sitzung anreisen müsse, nicht verzichten. Mit dem Hinweis auf den Vorstandsbeschluss gelingt es dem Assistenten schließlich aber doch, die erste Sitzung abzuhalten.

Nach 3 halbtägigen Sitzungen, die in Abständen von 14 Tagen stattfinden, ist es dann soweit: Die Repräsentanten einigen sich auf ein einheitliches Reklamationsprozedere. Zum Erstaunen des jungen Assistenten ist die-ses Prozedere deutlich besser, als das von ihm entworfene.

Einige Tage, nachdem dieses im Konsens erarbeitete, einheitliche Reklamationsverfahren im Rahmen eines Rundschreibens konzernweit veröffentlicht wird, rufen zwei Werksdirektoren den Assistenten an:
Der erste Werksdirektor lobt den Assistenten und freut sich darüber, dass er die Personalproduktivität nunmehr steigern könne, weil er das Reklamationsteam verkleinern könne.

20

Unangenehmer ist hingegen die Begegnung mit dem anderen Werksdirektor. „Sagen Sie, Herr Assistent, was haben Sie denn da verzapft? Ein
solch kompliziertes Verfahren habe ich ja noch nie gesehen! Da muss ich
ja 2 Leute extra einstellen" schimpft dieser. Der Assistent kann es sich
gleichwohl leicht machen: „Ihr Mitarbeiter hat all diese Argumente auch
vorgetragen, und trotzdem hat er dem Verfahren zugestimmt, weil ..." und
schon unterbricht ihn den Werksdirektor: „Also, meinen Mitarbeiter knöpfe
ich mir als Nächsten vor." Schneller als der Direktor ruft der Assistent den
betreffenden Mitarbeiter an, um ihn entsprechend vorzuwarnen. „Die
Warnung ist überhaupt nicht nötig" antwortet jener. „Ich kenne die Gründe
selbst am besten, warum ich zugestimmt habe; schließlich werden wir das
Reklamationsvolumen mit Hilfe dieser Maßnahmen spürbar reduzieren
und auch die Qualität unserer Produkte entscheidend verbessern. Außerdem hege ich nicht unbegründet den Verdacht, dass das lasche Reklamationsverfahren auch den ein oder anderen Mitarbeiter dazu verleitet,
Produkte auf die Seite zu legen, also zu unterschlagen." Erst drei Monate
später, als er neue Organisationspläne zeichnet, kommt dem Assistenten
dieser Vorgang wieder in Erinnerung. Der Werksdirektor hatte tatsächlich
die zwei Mitarbeiter eingestellt.

3.2 Grundlagen der Aufbauorganisation

Die aufbauorganisatorische Koordination ist sowohl mit der vertikalen als
auch mit der horizontalen Aufgabendifferenzierung eng verknüpft. In der
zu einem bestimmten Zeitpunkt festgestellten Aufbauorganisation zeigt
sich auf der einen Seite, wie die Personen in den organisatorischen Gebilden zusammenarbeiten (horizontale Aufgabendifferenzierung = Unterscheidung gleichrangiger Aufgaben). Auf der anderen Seite wird mit Hilfe
der Aufbauorganisation auch deutlich, welche Über- und Unterordnungs-
verhältnisse zwischen Personen und organisatorischen Gebilden in einer
Unternehmung existieren und wirken (vertikale Aufgabendifferenzierung =
Unterscheidung von Leitungs- und Ausführungsaufgaben).

3.2.1 Zentralisierung und Dezentralisierung

Es gibt organisatorische Gebilde (Gruppe, Abteilungen), in denen alle
Mitarbeiter mehr oder weniger die gleiche Arbeit verrichten. Dies trifft etwa
auf ein Schreibbüro, das die Aufgabe übernommen hat, Schreibarbeiten
für das gesamte Unternehmen zu übernehmen, zu. Gleiches ist für den
PC-Support im kaufmännischen Bereich und für die Instandhaltung in der
Produktion denkbar. Da die durch die Mitarbeiter in diesem zentralisierten
Team zu erfüllenden Verrichtungen gleich bzw. sehr ähnlich sind, spricht
man von in diesem Fall von der *Verrichtungszentralisation (= Funk-
tionszentralisation*. Entscheidet sich ein Unternehmen hingegen im

ersten Beispiel dafür, Schreibarbeiten in den jeweiligen Fachabteilungen durchführen zu lassen, spricht man von der **Verrichtungsdezentralisation,** in diesem Fall bezogen auf die Verrichtung „Schreibarbeiten durchführen".

Mit **Objektzentralisation** wird die Bildung einer organisatorischen Einheit bezeichnet, in der eine Fülle notwendiger, verschiedener Verrichtungen (= Funktionen) rund um das betrachtete Objekt durchgeführt werden.

Die Zusammenfassung aller vertrieblichen Aktivitäten für die Kundengruppe „Handelsunternehmen" oder „Industriekunden" in Form einer Abteilung stellt ein Beispiel dar. Das Objekt könnte statt aus einer Kundenzielgruppe auch aus einer Region bestehen. Schließlich ließe sich auch ein Produkt, eine Produktgruppe oder ein Sortimentsteil als Grundlage für die objektorientierte Zentralisation nutzen. Wenn der Chemiekonzern beispielsweise alles, was mit Farben und Lacken zu tun hat, zu einer organisatorischen Einheit zusammenfasst, handelt es sich um die Objektzentralisation. In dem Moment, wo er eine bestimmte Funktion herauslöst (z.B. Controlling, Werbung etc.), spricht man von der **Objektdezentralisation**.

In diesem letzten Fall der Objektdezentralisation findet gleichzeitig eine Verrichtungszentralisation statt (Zentralisierung von Controlling und Zentralisierung von Werbung). Dieser Zusammenhang gilt auch für das Begriffspaar Verrichtungsdezentralisation/ Objektzentralisation. Wenn alle Funktionen mit Blick auf ein Objekt zentralisiert werden, findet gleichzeitig eine Funktions- bzw. Verrichtungsdezentralisierung statt. Coca-Cola arbeitet zum Beispiel in vielen Fällen nach dem Regionalprinzip. Das jeweilige Land (hier: Objekt) erfüllt den Großteil der Funktionen (Einkauf, Produktion, Absatz) selbst. Es findet also eine Objektzentralisierung statt. Die Funktionen selbst sind jedoch überwiegend dezentral, weil zum Beispiel keine zentrale Produktion, kaum zentrale Beschaffung (bis auf die Beschaffung des geheimen Limonadengrundstoffes) und kein zentraler Absatz stattfinden.

	Zentralisierung	**Dezentralisierung**
Objekt	Schreibbüro auflösen und die Schreibkräfte in den Fachabteilungen einsetzen	Bsp. Schreibbüro einrichten (Die Verrichtung „Schreiben" wird aus den Objekten „Fachabteilung" herausgelöst)
Verrichtung (Funktion)	Bsp. Schreibbüro einrichten (Funktion „Schreiben" wird zentralisiert)	Schreibbüro auflösen (Funktion „Schreiben" wird dezentralisiert)

Abbildung 3:   Zentralisierung versus Dezentralisierung

Die Frage, ob ein Unternehmen zentral oder dezentral arbeitet, lässt sich also nur mit Hilfe der Ergänzung um die Kategorien Objekt oder Verrichtung beantworten.

Darüber hinaus variiert die Organisationsgestaltung im Zeitablauf. Sie nimmt sogar oftmals genau gegensätzliche Richtungen an. Einer Phase der Zentralisierung folgt häufig eine Phase der Dezentralisierung und umgekehrt.

- Während es gestern noch richtig war, alle vertrieblichen Aktivitäten „kundennah" in einer zentralen Vertriebsabteilung zusammenzu-fassen, kann es schon morgen auf Grund eines erheblichen Wachs-tums aller Bereiche richtig sein, die Produktlinien zu „Profit-Centers"[12] umzugestalten und die Vertriebsaktivitäten dezentral zurück in die Produktlinien zu verlegen. Bei weiterem Wachstum könnte dann das Pendel wieder zugunsten zentraler „Key Accounts" umschlagen, die nicht nur die Aufgabe haben, die hergestellten Produkte zu vertrei-ben, sondern mit den Kunden zusammen Problemlösungen zu erarbeiten. Dabei können durchaus nicht nur die Leistungen des eigenen Unternehmens, sondern auch Fremdleistungen eine Rolle spielen.

- Während es in ganz jungen Unternehmen möglicherweise richtig ist, eine wenig strukturierte, ‚offene' Organisation zu betreiben, um die Kunden in F&E-(Forschung und Entwicklung) Aktivitäten und in die Produktion einzubeziehen, kann sich dies zu einem späteren Zeitpunkt als nachteilig erweisen, so dass sich die Bildung einer Vertriebsabteilung oder eines zentralen „Call-Centers" für die Abwick-lung gewöhnlicher Geschäftsvorfälle anbietet.

In diesem Zusammenhang erscheint es spannend, die Hintergründe des ständig beobachtbaren Wechsels zwischen Zentralisation und Dezentra-lisation zu ergründen.

Wissenschaftliche Überlegungen dahingehend, dass sich ein Unternehmen immer wieder an die sich wandelnde In- und Umwelt anpassen sollte, sind der so genannten Kontingenztheorie (= Systemtheorie) zuzuordnen. Sie stand anfangs (1950 - 1970) stark in der Kritik, da die zu dieser Zeit vorherrschende wissen-schaftliche Ausrichtung soeben der reinen Beschreibung der Wirtschaft (deskriptive Theorie) entwichen ist und den eigenen Gestaltungsanspruch (normative Theorie, Entscheidungstheorie) erkannte. Die Kontingenztheorie wurde von Seiten der Entscheidungstheoretiker zunächst als Rückfall in die Unverbindlichkeit der Wissenschaft abgelehnt.

---

[12] Ein Profit-Center ist eine organisatorische Teileinheit, die ein eigenes, vollständiges betriebswirtschaftliches Ergebnis ausweist.

Aus der Fülle der Arbeiten, die der Kontingenztheorie zuzuordnen sind, lässt sich trotz unterschiedlicher Ansätze mit Georg Schreyögg feststellen, dass auch normative Elemente in der Kontingenztheorie Platz finden. Schreyögg beschreibt treffend das folgende Grundmuster: „Stabile und überschaubare Umwelten ziehen eine stark formalisierte und (nach Verrichtungen; d.Verf.) zentralisierte (mechanistisch-bürokratische) Organisationsstruktur nach sich, während turbulente, komplexe Umwelten ein flexibles und anpassungsfähiges (organisches) Strukturgefüge bewirken. Dabei wird der Umweltzustand selbst nicht als feststehend, sondern als veränderlich betrachtet. Der Übergang etwa von einer stabilen zu einer turbulenten Umwelt bedeutet dann für die Organisationen, dass die vormals mechanistischen Strukturen organischeren Formen weichen müssen. Die Umwelt wird in diesen Ansätzen somit sowohl als Quelle innerorganisatorischen Wandels wie auch als Bestimmungsfaktor vorfindbarer Strukturformen behandelt."[13]

3.2.2 Kompetenzen und Weisungsbefugnisse

Zur Erfüllung einer Aufgabe benötigt die betreffende Person entsprechende Kompetenzen. Der Kompetenzbegriff bezieht sich einerseits auf das ‚Können', welches die notwendige Voraussetzung zur Erfüllung der Aufgabe darstellt. Hinzu kommt aber auch das ‚Dürfen', womit die Person hinreichend in die Lage versetzt wird, die anstehende Aufgabe zu erfüllen.

Kompetenz im Sinne von Können kann als notwendiger Aspekt der aufbau-organisatorischen Koordination bezeichnet werden. Hinzu kommt der hinreichende Aspekt, die Kompetenz im Sinne von ‚Dürfen'; Kompetenz im Sinne von ‚Dürfen' ist von elementarer Bedeutung für die Gestaltung der Aufbauorganisation.

Wer darf eigentlich was in der Unternehmung? Anders gewendet: Wer ist mit welchen Kompetenzen ausgestattet? In der Praxis ist diese Frage explizit (z. B. in Form der Hierarchie / in Form von Regelungen bzw. Befugnissen) und/ oder implizit (z. B. durch die Kultur) geklärt.

Darüber hinaus lassen sich die sachbezogenen Kompetenzen von den Leitungskompetenzen unterscheiden.

Sachbezogene Kompetenzen ermächtigen den Mitarbeiter, eine sachbezogene Entscheidung zu treffen. Ein Mitarbeiter des Technischen Überwachungsvereins e.V. (TÜV) entscheidet zum Beispiel darüber, ob ein Auto am öffentlichen Straßenverkehr teilnehmen darf. Ein Polizist besitzt die Kompetenz, einen Strafzettel auszustellen, wenn ein

---

[13] Schreyögg, G., Organisation, Grundlagen moderner Organisationsgestaltung, 3. Aufl., Wiesbaden 1999, S. 60.

24

Verkehrsvergehen begangen wurde. Auch Mitarbeiter in Unternehmen werden mit sachbezogenen Kompetenzen ausgestattet. Der Disponent entscheidet, welche Sendungen am Folgetag verladen werden. Der Mitarbeiter der Reklamations-Annahmestelle entscheidet, ob die Reklamation anerkannt wird. Während sich die Entscheidungen des TÜV-Mitarbeiters und des Polizisten auf eine gesetzliche Grundlage stützen, werden die Entscheidungen der Mitarbeiter durch die Unternehmenspolitik legitimiert. Die Unternehmenspolitik ist häufig nur unzureichend in Form von expliziten Regelungen formuliert, so dass implizite Regelungen greifen müssen oder gar ein Übergang von der sachbezogenen Kompetenz zur Leitungskompetenz erfolgen muss. Der Übergang von der sachbezogenen Kompetenz zur Leitungskompetenz kommt zum Beispiel in den folgenden Fällen zum Tragen:

1. Die Entscheidungsbefugnisse sind nicht ausreichend. Beispiel: Ein Kunde verlangt einen Preisnachlass. Der Verkäufer antwortet: „Da muss ich meinen Chef fragen."

2. Das Geflecht von expliziten und impliziten Regelungen rund um die sachbezogene Kompetenz eines Mitarbeiters ist nicht ausreichend stabil und verlässlich. Beispiel: Der Kunde gibt sich mit der Antwort des Verkäufers, grundsätzlich keine Preiszugeständnisse zu machen, nicht zufrieden. Er verlangt den Chef (und bekommt wohlmöglich seinen Preisnachlass).

Leitungskompetenzen ermächtigen bestimmte Mitarbeiter, anderen Mitarbeitern Weisungen zu erteilen. Sie umfassen Entscheidungs-, Weisungs-, Kontroll- und Sanktionsbefugnisse. Die Struktur der Kompetenzverteilung bestimmt den hierarchischen Strukturtyp der Aufbauorganisation.

Der hierarchische Strukturtyp (= Leitungsstrukturtyp) lässt sich durch die Dimensionen Breite und Tiefe kennzeichnen. Die Breite zeigt an, wie viele Personen sich durchschnittlich in der untersten hierarchischen Stufe befinden[14]; die Tiefe hingegen bezeichnet die Leitungsstufen in der Hierarchie. Die Leitungsspanne (= Führungsspanne) gibt an, wie viele Personen von jeweils wie vielen vorgesetzten Personen im Durchschnitt geleitet werden.[15] Große Leitungsspannen führen zu einer flachen Hierarchie, während kleine Leitungsspannen zur einer tiefen Hierarchie führen.

---

[14] In der Literatur findet sich auch die Meinung, die Breite auf die gesamte Unternehmung zu beziehen. Dies entspricht dem nachfolgend erörterten Begriff der Führungsspanne.

[15] In einer entsprechenden Kennzahl setzt man die Anzahl aller unterstellten Mitarbeiter mit der Anzahl aller Vorgesetzten (- die durchaus mit Ausnahme der Unternehmensleitung auch Mitarbeiter sind -) in Beziehung.

Die Vorteile einer geringen Hierarchietiefe bestehen aus der tendenziell größeren Spontaneität der Unternehmung, der Verkürzung und Beschleunigung von Kommunikationswegen und der Einschränkung von Bürokratisierungserscheinungen. Eine geringe Hierarchietiefe ist mit den Nachteilen verbunden, dass die Vorgesetzten auf Grund zu großer Leitungsspannen überfordert sind, und dass es zu wenig Möglichkeiten einer rang- und statusmäßigen Unterscheidung der Personen im Unternehmen gibt.

Nach der Art und Weise, wie die Personen in einem Unternehmen durch Leitungsbeziehungen miteinander hierarchisch verknüpft sind, lassen sich folgende Leitungsstrukturtypen unterscheiden:

3.2.2.1 Einliniensystem

Grundlegend für das Einliniensystem ist, dass jede Person gemäß dem Prinzip der ‚Einheit der Auftragserteilung' genau einen Vorgesetzten hat. Bei der Wahl des Strukturierungskriteriums ist eine Entscheidung auf jeder Hierarchiestufe notwendig. Entweder gliedert man die Geschäftsleitung verrichtungsorientiert (kaufmännischer Geschäftsführer, technischer Geschäftsführer), oder es wird eine objektorientierte Strukturierung vorgenommen (Beispiel Douglas AG: Geschäftsbereiche Parfümerien, Schmuck, Mode/Sport, Bücher, Süßwaren, Service)[16]. Auf den jeweils nächsten Hierarchiestufen kann das Strukturierungskriterium wiederum frei gewählt werden.

Bei Wirtschaftsjournalisten ist es weit verbreitet, Unternehmen dahingehend einzuordnen, ob es objekt- oder funktionsorientiert gegliedert ist. Diese Einordnung bezieht sich in aller Regel nur auf die oberste Hierarchiestufe. So ist es in ‚objektorientierten Organisationen' durchaus üblich, innerhalb eines Geschäftsbereichs eine verrichtungsorientierte Strukturierung vorzunehmen. Genauso gut kann in einem Ast einer ‚verrichtungsorientierten Organisation', etwa im technischen Bereich, durchaus eine objektorientierte Strukturierung, etwa nach Produkten, vorgenommen werden.

Die Vorteile dieses Leitungsstrukturtyps bestehen aus der klaren Kompetenzabgrenzung, überschaubaren Kommunikationswegen und aus leichten Kontrollmöglichkeiten. Eine im Vergleich zu den nachfolgend beschriebenen Systemen erkennbare Tendenz zur Überlastung der Unternehmensleitung und zur unnötigen Belastung von Zwischeninstanzen sowie die vergleichsweise starre und langsame Willensbildung sind jedoch als Nachteil zu benennen.

---

[16] Vgl. o.V., Geschäftsbericht 2000 der Douglas Holding Aktiengesellschaft, Hagen 2001, S. 28

26

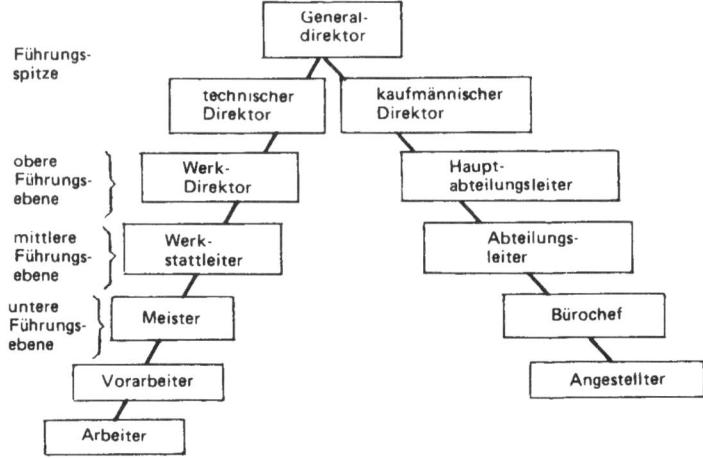

Abbildung 4:   Hierarchiestufen in der Einlinienorganisation[17]

3.2.2.2   Stabliniensystem

Ergänzt man das Einliniensystem um Stäbe (siehe nachfolgende
Abbildung), entsteht das so genannte Stabliniensystem. Stäbe dienen den
Vorgesetzten in der Ausübung ihrer Koordinationsfunktion. Dabei kann es
sich um eine allgemeine Unterstützung durch ein Sekretariat oder
Assistenten handeln. Aber auch spezielle Unterstützungspools, wie etwa
Planungsabteilungen und Rechtsabteilungen, können dem Vorgesetzten
als Stab zugeordnet werden.

Der Hauptvorteil des Stabliniensystems besteht darin, dass der Vorteil der
klaren Kompetenzabgrenzung eines Einliniensystems mit der Möglichkeit
einer Spezialisierung auf bestimmte, zum Teil anspruchsvolle Koordi-
nationsmechanismen (z.B. Planungssystem) kombiniert werden können.
Nachteilig könnte sich hingegen erweisen, dass es zur Gefahr von
Konflikten zwischen Stab und Vorgesetzten kommen kann, wenn die
Ratschläge des Stabes wiederholt nicht beachtet werden. Andererseits ist
es genauso von Nachteil, wenn sich der Stab informelle Weisungsrechte
aneignet und als eigentlicher Vorgesetzter, als so genannte ‚graue Emi-
nenz‘ fungiert.

---

[17]   Quelle: Ahlert, D., Franz, K.-P., Kaefer, W., Grundlagen und Grundbegriffe der Betriebswirtschaftslehre, 5. Aufl., Düsseldorf 1990, S. 125.

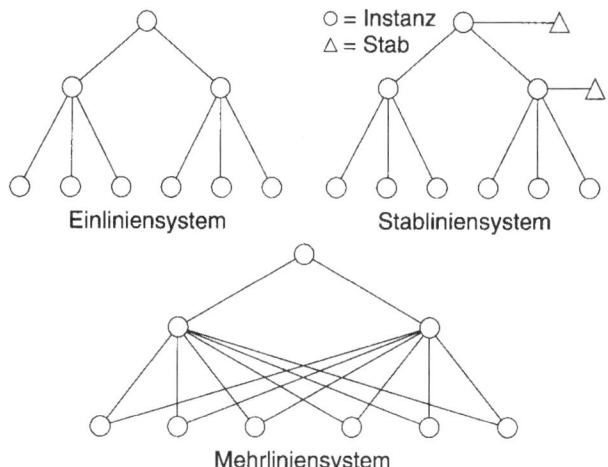

Mehrliniensystem

Abbildung 5: Weisungsbefugnisse im Rahmen der Aufbauorganisation[18]

3.2.2.3 Mehrliniensystem

Das Prinzip der ‚Einheit der Auftragserteilung' wird beim Mehrliniensystem durchbrochen (vgl. obige Abbildung). Dabei haben einige Personen mehrere Vorgesetzte. Auf diese Weise gelingt es im Gegensatz zum Einlinien- und Stabliniensystem, dass sich die Vorgesetzten spezialisieren können. Je höher ein Mitarbeiter auf der Karriereleiter in einem Einlinien- und Stabliniensystem klettert, desto notwendiger wird es für ihn, sich ein breites Wissen anzueignen; es erfolgt also eine Entwicklung weg vom Spezialisten hin zum Generalisten.

Es gibt nur wenige Unternehmen, die das Mehrliniensystem praktizieren. Dabei hat dieser Leitungsstrukturtyp durchaus Tradition. Nicht erst Henry Ford und mit ihm der Begründer der wissenschaftlichen Betriebsführung, Frederic W. Taylor, haben vor ihrer Erfindung der Fließbandfertigung mit dem Mehrliniensystem experimentiert. Das Team, das ein Auto produzierte, wanderte mit dem Auto von Fertigungsstufe zu Fertigungsstufe, jeweils unter Beaufsichtigung spezieller „Funktionsmeister" in den einzelnen Fertigungsstufen. Bereits im 18. Jahrhundert arbeiteten in Deutschland Möbelmanufakturen im Rahmen dieses Systems. Selbst der berühmte Stradivari ließ seine Geigen in einem Mehrliniensystem produzieren.[19]

---

[18] Quelle: Bleicher, Knut, Organisation, Strategien – Strukturen – Kulturen, 2. Aufl., Wiesbaden 1991, S. 40.

[19] Vgl. o.V., Anleihen bei Stradivari, in: Manager Magazin, Nov. 1996, S. 26.

28

Das Mehrliniensystem wird in Einzelfällen auch innerhalb ansonsten eindimensionaler Leitungsstrukturen (Einliniensystem, Stabliniensystem) angewendet, etwa wenn sich zwei Sachbearbeiter eine Schreibkraft teilen. Auch die Zuordnung von Aushilfskräften und Auszubildenden ist häufig nicht nach dem Prinzip der „Einheit der Auftragserteilung" geregelt. Während die Vorteile des Mehrliniensystems aus der Entlastung der Leitungsspitze, der direkten und schnellen Kommunikation, der höheren Verantwortung der Mitarbeiter für das zu erstellende Produkt sowie aus der Spezialisierungsmöglichkeit für Vorgesetzte besteht, liegen die Nachteile auf der Hand: Das Mehrliniensystem hat einen großen Bedarf an Leitungskräften, verstärkt die Gefahr des Ressortdenkens und es mangelt ihm an klaren Kompetenzabgrenzungen.

3.2.2.4 Matrixorganisation

Die Matrixorganisation zählt, wie schon das Mehrliniensystem, zu den mehrdimensionalen Leitungsstrukturtypen. Ein Mitarbeiter hat mehrere Vorgesetzte und ein Vorgesetzter steht mehreren organisatorischen Gebilden vor. In den meisten Fällen ist die Matrixorganisation zweidimensional; dreidimensionale Ausprägungen sind eher selten. Die an den Fertigungsstufen orientierte Mehrdimensionalität des Mehrliniensystems wird von der Matrixorganisation jedoch nicht erreicht. Als Dimensionen kommen in aller Regel Objekte auf der einen Seite, Funktionen (= Verrichtungen) auf der anderen Seite in Betracht. Beide Dimensionen sind gleichwertig.

Abbildung 6:   Matrixorganisation

Im vorstehenden Beispiel werden die Produkte in der objektbezogenen Dimension als Gestaltungsrahmen verwendet, während sich die zweite Dimension an den Verrichtungen orientiert.

Neben dieser klassischen Aufteilung in Funktion und Objekt lassen sich auch verschiedene Objektkategorien (Region, Produkt, Kunden) miteinander kombinieren. So kombiniert beispielsweise die BASF AG die zwei Objekt-Dimensionen Produkt und Region.

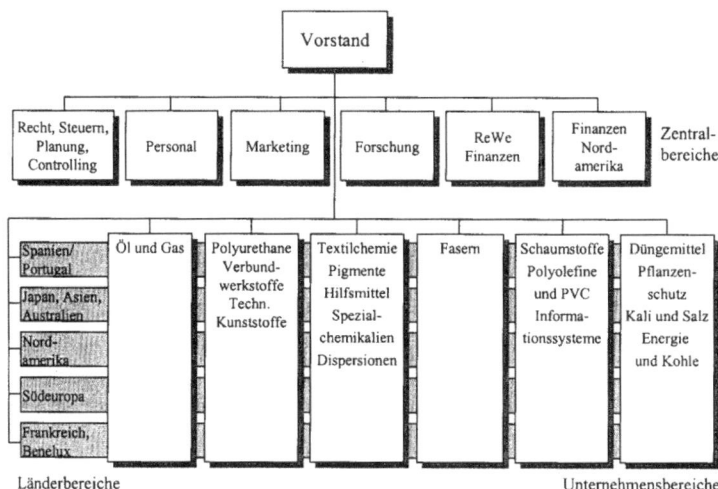

Länderbereiche   Unternehmensbereiche

Abbildung 7: Organigramm der BASF AG um 1990[20]

Das Besondere an der Matrixorganisation besteht darin, dem Nachteil einer einseitigen Orientierung an nur einer Strukturierungsdimension zu begegnen. Eine elementare Voraussetzung für das Funktionieren der Matrixorganisation bildet die systematische Abstimmung der Strukturdimensionen. Gerade auch in konfliktären Situationen ist dies notwendig. Dabei werden Konflikte nicht allein als Störung verstanden, sondern als Chance, die gesamte Komplexität der Problemstellung zu erfassen. Von Diskussionen, die die Beteiligten aus unterschiedlichen Blickwinkeln führen, erhofft man sich sachgerechte Abstimmungsprozesse und mithin bessere Lösungen.

Damit liegt der Hauptvorteil der Matrixorganisation darin, dass durch die Zusammenführung von gleichberechtigten Leitungsperspektiven eine Gesamtschau gewissermaßen erzwungen wird. Das Abwägen von Alternativen wird nicht, wie in eindimensionalen Leitungsstrukturen üblich, einer Person überlassen, sondern auf mehrere Personen mit unterschiedlichen Perspektiven übertragen; die Entscheidung ist das Ergebnis eines Diskurses.

---

[20] Quelle: Schreyögg, G., Organisation, Grundlagen moderner Organisationsgestaltung, 3. Aufl., Wiesbaden 1999, S. 179.

30

„Insgesamt wird von der Matrixorganisation eine erhebliche Leistungssteigerung erwartet, weil sie mit dem inhärenten Zwang, die Probleme auszudiskutieren, auf eine Optimierung des Gesamtsystems drängt. Ferner weisen viele Untersuchungen darauf hin, dass die Matrixorganisation über ihre koordinative Funktion hinaus sehr viel mehr als traditionelle Einlinienorganisationen in der Lage sind, Innovationen anzuregen und aufzugreifen. Die Mehrperspektivität, die selbstkritische Distanz zur eigenen langjährig entwickelten Perspektive, als Grundvoraussetzung jeder Innovationsfähigkeit, wird von der Matrixorganisation systematischer (und unausweichlicher) gefördert als von anderen Organisationsformrnen." [21]

Allerdings bleibt die Matrixorganisation in Theorie und Praxis umstritten. Folgende Einwände werden erhoben[22]:
1. Die Matrixorganisation fördert die Intransparenz, weil die mehrdimensionale Organisation alle Abläufe verkompliziert. Daraus folgt ein großes Durcheinander und der Verlust des Verantwortungsgefühls tritt ein.
2. Die Abstimmungen sind zu aufwändig, dadurch geht zu viel Zeit verloren.
3. Durch die zusätzliche Linienorganisation entsteht ein erheblicher Mehraufwand. Dies führt zu hohen Koordinationskosten und zu Bürokratisierungserscheinungen (,Protokollitis').
4. Personen, die Schwierigkeiten damit haben, Konflikte offen auszutragen, geraten durch die Matrixorganisation in einen erheblichen Stress.

Trotz dieser Kritik ist festzuhalten, dass es in der Praxis durchaus erfolgreiche Beispiele für die Anwendung der Matrixorganisation gibt. „Während ein Teil der Firmen diese Organisationsform zum Erfolgsfaktor erklärt (dies sind vor allem Firmen mit Großprojekten), haben sich andere zwischenzeitlich wieder davon getrennt. Eine Mitte der 80er Jahre in den USA durchgeführte Untersuchung (Larson/Gobeli 1987) erbrachte indes ein überraschend positives Ergebnis: 51 % der befragten Matrixanwender beantworteten die Frage, ob sie planen, die Matrix weiter einzusetzen, mit einem eindeutigen Ja. Weitere 38 % äußerten, dass sie möglicherweise daran festhalten werden. Damit wird offensichtlich, dass die immer wieder zu hörende heftige Kritik an der Matrixorganisation polemisch überspitzt ist; in der Praxis werden die spezifischen Vorteile von Matrixstrukturen durchaus gesehen und genutzt." [23]

---

[21] Schreyögg, G., Organisation, Grundlagen moderner Organisationsgestaltung, 3. Aufl., Wiesbaden 1999, S. 185.

[22] Schreyögg, G., Organisation, Grundlagen moderner Organisationsgestaltung, 3. Aufl., Wiesbaden 1999, S. 185.

[23] Schreyögg, G., Organisation, Grundlagen moderner Organisationsgestaltung, 3. Aufl., Wiesbaden 1999, S. 176 – 186.

3.2.2.5 Organisation in Form von Kollegien

Wenn die Leitungskompetenz für bestimmte Aufgabenbereiche an mehrere Personen gemeinsam vergeben wird, spricht man von einem Kollegium.

Kollegien stellen durch den direkten, mündlichen Kontakt der Mitglieder auch dort eine intensive Koordination sicher, wo Kompetenzabgrenzung und Kommunikation nur schwer zu regeln sind. Kollegien sind also ein Ersatz oder eine Korrektur für Koordinationsprobleme, die in bestimmten Strukturtypen nicht oder nur schwer gelöst werden können.

Zum Beispiel stellt das Lehrerkollegium - und nicht der Lehrer oder der Direktor - an deutschen Schulen das Entscheidungsgremium dar, welches über die Versetzung eines Schülers befindet. In einigen Unternehmen behält sich die aus mehreren Personen bestehende Geschäftsleitung vor, über Investitionen ab einer bestimmten Größenordnung gemeinsam zu entscheiden. Und auch die Beschlüsse des Aufsichtsrates von Aktiengesellschaften sind regelmäßig Kollegienentscheide.

Neben den hier diskutierten Entscheidungskollegien gibt es auch reine Informations- und Beratungskollegien (Ausschüsse) ohne formelle Kompetenzen, in aller Regel aber mit einem nicht zu unterschätzenden Vorschlags- und/oder Informationsrecht.

3.2.3 Eine moderne aufbauorganisatorische Gestaltungsvariante: Das Call-Center

Fallbeispiel: ‚Kopfnummer für den Innendienst'

Der Vertriebs-Außendienst eines Industrieunternehmens ist im Jahre 1985 nach dem Prinzip ‚one face to the customer' organisiert. Dies bedeutet, dass jedem Kunden genau ein Außendienstmitarbeiter zugeordnet wird. Dieses Prinzip wird auch im Innendienst beibehalten, so dass die Kunden auch bei telefonischer Bestellannahme, Auskunft und Reklamationsannahme genau einem Mitarbeiter zugeordnet sind.

Bei näherem Hinsehen stellt sich heraus, dass es phasenweise Innendienst- Mitarbeiter gibt, die völlig überlastet sind, während andere Mitarbeiter ‚Däumchen drehen'. Auf den Mitarbeiter bezogen ist dieser Zustand nicht von Dauer; vielmehr wechseln sich die Phasen der Über- und Unterauslastung in unregelmäßigen Abständen ab. Und ausgerechnet dann, wenn man besonders viel zu tun hat, putzt der Kollege nebenan zum wiederholten Mal seine Brille. ‚One face to the customer' erlaubt es nicht, dass der Kollege einspringt.

Vor diesem Hintergrund kommt die Innendienstleitung auf die Idee, Teams zu bilden. Die insgesamt 18 Innendienstmitarbeiter werden zu drei Teams zusammengefasst. Jedes Team betreut nun *alle* Kunden der jeweiligen Teammitglieder, die vorher jeder Mitarbeiter einzeln betreute.

Technisch unterstützt wird diese Organisationslösung durch eine so genannte ‚Kopfnummer', die in der Telefonanlage hinterlegt ist. Jeder Mitarbeiter behält seine Durchwahl; zusätzlich erhält er eine Teamdurchwahl (‚Kopfnummer'). Immer wenn diese Kopfnummer von außen angewählt wird, läuten alle Telefone. Am Klang erkennt der Mitarbeiter, ob er direkt oder das Team angerufen wird.

Das Fallbeispiel im Lichte neuer Technologien

Das Fallbeispiel ‚Kopfnummer' ist bewusst älterer Natur. Mittlerweile ist die Technik auf dem Telefonsektor sehr viel weiter fortgeschritten. Mit Hilfe von neuen Techniken gelingt es nicht nur, die Problemstellung der Innendienstorganisation durch intelligente Anrufverteilsysteme zu lösen. Vielmehr sind in Form so genannter Call-Center ganz neue, zum Teil sogar betriebsstätten- und unternehmensübergreifende aufbauorganisatorische Lösungen entstanden.

Mit *ACD* (Automatic Call Distribution), dem technischen Herzstück eines jeden Call-Centers, ist die automatische, intelligente Anrufverteilung an freie Mitarbeiter nach vorgegebenen Kriterien gemeint. So erkennt die Telefonanlage bzw. das integrierte Computer-System, wie viele Gespräche ein Mitarbeiter bereits geführt hat, und teilt das nächste eingehende Gespräch (= *Inbound Telephony*) dem Mitarbeiter zu, der bislang die wenigsten Gespräche geführt hat oder dessen Konto die wenigsten Gesprächsminuten aufweist. Dabei kann sogar zwischen erfahrenen und neuen Mitarbeitern insofern differenziert werden, als die Telefonanlage sicherstellt, dass neue Mitarbeiter während der Einarbeitungszeit weniger Telefonate annehmen. Darüber hinaus lassen sich umfangreiche Statistikfunktionen abrufen. Diese Informationen können z.B. dazu verwendet werden, die Auslastung des Call-Centers (= Anzahl der anwesenden Mitarbeiter in einer bestimmten Zeitspanne) zu verbessern.

CTI (Computer Telephony Integration) bedeutet: Noch während das Telefon klingelt, wird der Kunde identifiziert und die wichtigsten Daten über den Kunden erscheinen auf dem Bildschirm des Mitarbeiters. Der Mitarbeiter kann den Kunden auf diese Weise ganz persönlich ansprechen, sein Anliegen kompetent bearbeiten und neu gewonnene Daten gleich wieder erfassen und dem Informationssystem hinzufügen. Das lästige Weiterleiten zu dem berühmten ‚Kollegen, der den Vorgang bearbeitet', entfällt. So reduziert sich nicht nur die Zeit, die der Kunde in Warteschleifen mit Hintergrundmusik verbringt, es reduziert sich auch die

33

Zeit, die zur Bearbeitung des Vorgangs im Unternehmen aufgewendet werden muss. Der Kunde ist zufriedener und die Kosten sinken. Auch im **Outbound-Betrieb**, also wenn das Unternehmen im Gegensatz zum Inbound-Betrieb nicht angerufen wird, sondern von sich aus anruft und zum Beispiel Telefonkampagnen durchführt, hat CTI einiges zu bieten: Die Herstellung einer Telefonverbindung kann bereits im Hintergrund aufgebaut werden, während der Mitarbeiter noch mit dem vorherigen Kunden spricht. Die Zeit, die früher vertan war, wenn das Besetztzeichen ertönte, kann auf diese Weise produktiv genutzt werden.

Mit **IVR** (Interactive Voice Response) wird die automatische Anrufbeantwortung und -steuerung mittels sprachgesteuerter Computersysteme bezeichnet. IVR kommt beispielsweise bei Auskunftssystemen, etwa bei Fahrplanauskünften der Deutschen Bahn AG, zum Einsatz. Auch die Mobilfunkanbieter setzen auf diese Technik, um die Abfrage der Mobilbox möglich zu machen.

„Call-Center sind (..) ein besonders gut geeignetes Instrument, überdurchschnittlichen Service zu bieten und auf diesem Wege Kunden zu binden. Als effizienter und direkter Weg zum Kunden sind sie für nahezu alle Branchen und Industriezweige interessant.
Die Anwendungsmöglichkeiten moderner Call-Center sind vielfältig: kontinuierliche Erreichbarkeit zur systematischen Entgegennahme eingehender Anrufe (Inbound) ermöglicht die kompetente Vermittlung von Produktinformationen ebenso wie ein unkompliziertes und fallabschließendes Beschwerdemanagement.
Über die aktive Ansprache potentieller Interessenten (Outbound) wird darüber hinaus effizientes Direktmarketing ebenso ermöglicht wie z. B. die Unterstützung des Außendienstes über eine Call-Center gestützte Terminkoordination.
Die Integration zusätzlicher Medien - wie etwa E-Mail oder Internet - erweitert das Spektrum der Einsatzmöglichkeiten kontinuierlich, zum Beispiel für Electronic Commerce: Das multimediale Communication Center wird zum Bindeglied zwischen Mensch und Netz in der virtuellen Einkaufswelt von morgen."[24]

Schließlich wird in der Praxis das interne vom externen Call-Center unterschieden: Das interne Call-Center ist eine unternehmenseigene Abteilung, die bestimmte Aufgaben zentral übernimmt (Verrichtungszentralisation). Beispielsweise könnte man einer auf bestimmte Produkte spezialisierten Fachabteilung (Objektzentralisation) die Funktionen Bestell- und Reklamationsannahme abnehmen, um sie zentral im internen Call-Center zu bündeln. Externe Call-Center, die Call-Center-Funktionalitäten für andere Unternehmen oder Personen anbieten, werden vor allem für Outbound-Anwendungen (z.B. Marketingkampagnen, telefonische Nachfass-Aktionen) eingesetzt. Aber auch im Inbound-Bereich gibt es zahlreiche Anwendungsbeispiele für externe Call-Center: So wickelt beispielsweise ein weltbekannter Software-Hersteller seinen so genannten ‚first level support' mit Hilfe eines externen Call-Centers ab, während der ‚second

---

[24] Der Ministerpräsident des Landes Nordrhein-Westfalen, Call Center Offensive NRW, Düsseldorf, November 1998, S. 2.

34

level support', der sich mit Detailfragen zur angebotenen Software befasst, mit eigenen Mitarbeitern besetzt ist. Der Kunde merkt indes nicht, dass er im ‚first level support', also bei einfachen Fragen, von unternehmensfremden Mitarbeitern bedient wird.

3.3 Grundlagen der Ablauforganisation

Organisationsgestaltung erstreckt sich neben der Festlegung der grundlegenden Aufbaubeziehungen auch auf die zur Aufgabenerfüllung erforderlichen Prozesse. Aufbau- und Ablaufstruktur sind in der Theorie zwei Betrachtungsweisen desselben Gegenstandes; in der Praxis stehen sie in folgender Beziehung zueinander: „Die Aufbauorganisation kann ohne (eine starre) Ablauforganisation bestehen, doch benötigt jede Ablauforganisation eine entsprechende Aufbaustruktur." [25]

Die Aufbauorganisation bestimmt, wer welche Aufgaben zu erfüllen hat, während die Ablauforganisation (mehr oder weniger) verbindliche Regeln setzt, wie bestimmte Aufgaben von wem durchzuführen sind. Insofern ist die Ablauforganisation (= Prozessstrukturierung) der weitergehende Sachverhalt; je ausgeprägter die Ablauforganisation ist, desto höher ist der **Organisationsgrad** (das Organisationsniveau) der betrachteten Unternehmung.

Die Ablauforganisation bezieht sich entgegen der weit verbreiteten Meinung nicht nur auf die Strukturierung von Fertigungsprozessen, sondern auch auf geistige Arbeitsprozesse, wie sie bei der Erfüllung von Führungs- und Verwaltungsaufgaben anfallen. Während die Verbesserung der Fertigungsprozesse tatsächlich lange Zeit im Mittelpunkt praktischer Organisationsarbeit stand, werden in jüngerer Zeit zunehmend die Arbeitsprozesse im kaufmännischen Bereich reorganisiert. Von der Einführung neuer Kommunikations- und Informationstechniken versprechen sich viele Unternehmungen erhebliche Rationalisierungsreserven.

„Durch die Ablaufstrukturierung soll vor allem erreicht werden, dass wiederholt auftretende Prozesse nicht willkürlich, sondern gleichartig und planvoll ablaufen." [26] Durch diese Programmierung wird eine Standardisierung der Abläufe erreicht, welche in Kombination mit einer daraus folgenden Routinisierung des Verhaltens die Prozesse sicherer und effizienter macht. Die Grenzen der Standardisierung hängen ab
* „von der Programmierbarkeit der Aufgaben (Problemkomplexität und Konsistenz der Aufgaben),

---

[25] Ahlert, D., Franz, K.-P., Kaefer, W., Grundlagen und Grundbegriffe der Betriebswirtschaftslehre, 5. Aufl., Düsseldorf 1990, S. 130.

[26] Ahlert, D., Franz, K.-P., Kaefer, W., Grundlagen und Grundbegriffe der Betriebswirtschaftslehre, 5. Aufl., Düsseldorf 1990, S. 131, Herv. durch den Verf..

- vom Programmierungsbedürfnis (Wiederholungshäufigkeit, Routinisierungseffekt, Koordinationserleichterung bei arbeitsteiligen Aufgaben) und
- von den Eigenschaften der Mitarbeiter und Maschinen (Fähigkeiten und Kenntnisse, Maschinenfunktionen)."[27]

Die Programmierung kann hinsichtlich ihres Umfanges und ihrer Reichweite in Rahmenprogrammierung und Detailprogrammierung unterschieden werden:

Mit der **Rahmenprogrammierung** ist die Erstellung eines allgemeinen Handlungsrahmens gemeint. Es werden einige wichtige Kriterien für den Handlungsvollzug festgelegt. Die konkrete Art und Weise der Durchführung liegt im freien Ermessen des betreffenden Mitarbeiters. Beispiele: Investitionsgenehmigungsverfahren, Planungssysteme, Empfehlung zur Gestaltung von Jahresgesprächen (Mitarbeitergesprächen).

Mit der **Detailprogrammierung** werden die einzelnen Arbeitsschritte mindestens in ihrer zeitlichen, teilweise auch in ihrer räumlichen[28] Folge vollständig festgelegt. Freiräume zur Gestaltung der einzelnen Arbeitsschritte bestehen nicht bzw. kaum. Beispiele: Fließbandarbeit, Regelungen zur Verarbeitung von Lagerhaltungsdaten, Abarbeitung einer Checkliste.

Die positiven Effekte der Standardisierung bestehen aus
- der Entlastung durch Arbeitsvereinfachung,
- der Produktivitätssteigerung durch Routinisierung,
- einer gesteigerten Transparenz,
- einer verbesserten sachlichen und zeitlichen Vorauskoordination zwischen den Mitarbeitern,
- der Objektivierung und der Dokumentation von Entscheidungen und
- aus verbesserten Kontrollmöglichkeiten.

Als negative Auswirkungen der Standardisierung sind vor allem die Vernachlässigung von nicht-programmierbaren Problemen, die Verringerung der Anpassungsfähigkeit der Mitarbeiter und der Organisation sowie die geringere Motivation und Initiative der Mitarbeiter (Folge von Monotonie) zu nennen.

In der nachfolgenden Abbildung sind zum Überblick die in einem Unternehmen ablaufenden Prozesse dargestellt. Zunächst wird zwischen dem eigentlichen Leistungs(erstellungs)prozess und dem Steuerungsprozess

---

[27] Ahlert, D., Franz, K.-P., Kaefer, W., Grundlagen und Grundbegriffe der Betriebswirtschaftslehre, 5. Aufl., Düsseldorf 1990, S. 131.
[28] Vgl. Abschnitt 3.3.4: Teleworking ist eine Methode, mit der die Ortsgebundenheit von Vorgängen dank neuer Informations- und Kommunikationstechnologien überwunden wird.

36

(= Managementprozess) unterschieden. Der Steuerungsprozess umfasst die Willensbildung, die Willensdurchsetzung und die Kontrolle. Der Leistungsprozess selbst spaltet sich auf in einen güterwirtschaftlichen und einen finanzwirtschaftlichen Teil. Am Anfang einer Unternehmung steht der finanzwirtschaftliche Prozess, in aller Regel mindestens in Form von Einlagen (Eigenkapital) und von Krediten; dazu zählt auch, mit einem Lieferanten als Starthilfe ein (besonders langes) Zahlungsziel zu vereinbaren (= Lieferantenkredit). Der Nominalgüterfluss II bewirkt, dass überhaupt Güter beschafft und produziert werden können. Den Abschluss von Beschaffung und Produktion bildet (rein zeitlich![29]) der Absatz des Produktes. Damit ist der Realgüterfluss beschrieben, der im Nominalgüterfluss I seinen Gegenlauf findet.

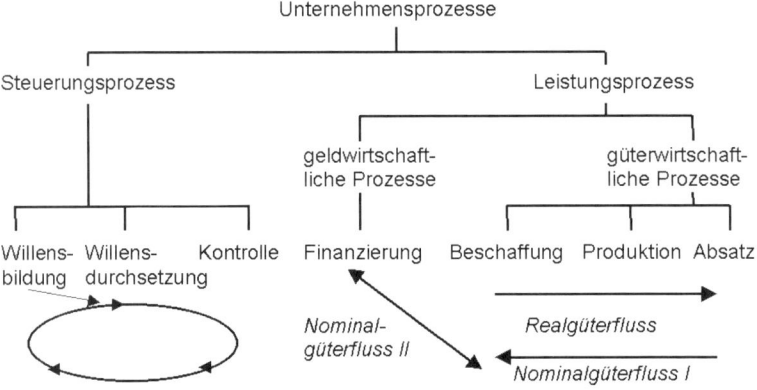

Abbildung 8: Die in einem Unternehmen ablaufenden Prozesse im Überblick[30]

Steuerungs- und Leistungsprozess haben einen kreislaufartigen Charakter: Während im Rahmen des Steuerungsprozesses die Willensbildung immer wieder durch Abweichungen, die in der Kontrollphase festgestellt wurden, angestoßen wird, gilt Vergleichbares auch für den Leistungsprozess: Erst durch den Absatz von Gütern wird die Beschaffung und Produktion von Gütern notwendig bzw. möglich.

Mit Blick in das Unternehmen lassen sich mit der nachfolgenden Abbildung die Leistungsprozesse vereinfacht wie folgt beschreiben: Ausgangspunkt bilden die Einnahmen, die dem Finanzbereich eines Unternehmens vom Kapitalmarkt zur Verfügung gestellt werden (a). Diese Einnahmen

---

[29] Die Marketingwissenschaft weist mit Recht darauf hin, dass Erkenntnisse über den Absatzmarkt den Ausgangspunkt für Beschaffung und Produktion bilden.

[30] In Anlehnung an: Ahlert, D., Franz, K.-P., Kaefer, W., Grundlagen und Grundbegriffe der Betriebswirtschaftslehre, 5. Aufl., Düsseldorf 1990, S. 111.

werden zu Ausgaben für den Arbeitsmarkt (c) sowie für den Gütermarkt (b). Güter können im Gegensatz zu Arbeit zwischengelagert werden (d). Aus der Kombination von Arbeit (e) und Gütern (f) entstehen im Leistungserstellungsprozess Zwischengüter, die in Zwischenläger gelangen (g) und in die nächste Stufe des Leistungserstellungsprozesses integriert werden (h). Die über die Zwischenstufen hinweg erzeugten Endprodukte gelangen in ein Absatzlager (j), von wo aus sie dem Absatzmarkt zur Verfügung gestellt werden (i). Hieraus ergeben sich Einnahmen vom Absatzmarkt, die in den Finanzbereich der Unternehmung fließen (k). Diese Einnahmen werden einerseits zur Generierung neuer Ausgaben für den Arbeits- (c) und Gütermarkt (b) verwendet, andererseits aber auch zur Befriedigung des in Anspruch genommenen Kapitalmarktes (l). Schließlich sei noch das Fließelement (m) erwähnt, mit dem angedeutet wird, dass auch externe Systeme (z.b. der Staat) mit Ausgaben (z.b. in Form von Steuern) bedacht werden. Dieses Fließelement ist aber auch in umgekehrter Richtung (z.b. in Form von Subventionen) denkbar.

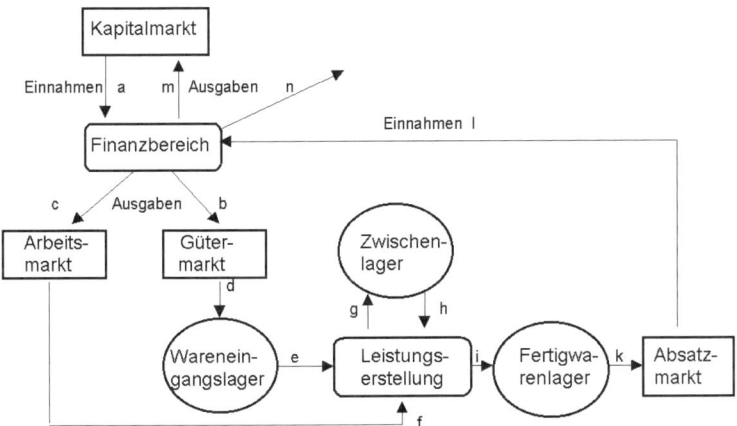

Abbildung 9:   Die Leistungsprozesse[31]

Neben dem Real- und dem Nominalgüterstrom sind auch die informatorischen Prozesse Gegenstand der Organisationsgestaltung. Nachfolgend werden die Besonderheiten dieser drei Prozesstypen

* Realgüterstrom
* Nominalgüterstrom
* Informationsgüterstrom

vorgestellt.

---

[31] In Anlehnung an: Ahlert, D., Franz, K.-P., Kaefer, W., Grundlagen und Grundbegriffe der Betriebswirtschaftslehre, 5. Aufl., Düsseldorf 1990, S. 112.

3.3.1 Der Realgüterstrom

Realgüterströme spielen sowohl in Form von Produktionsfaktoren (= Input) als auch in Form von Absatzgütern (= Output) eine Rolle. Realgüter können prinzipiell auch aus Geld oder Informationen bestehen. Das Realgut einer Bank ist unter anderem der Verleih von Geld, während das Realgut einer Auskunftei aus Informationen besteht. Zur Verständniserleichterung und zum Zwecke der klaren Abgrenzung zu Informations- und Nominalgüterströmen werden die nachfolgenden Ausführungen jedoch mit Beispielen aus Herstellerunternehmen unterlegt.

3.3.1.1 Beschaffung, Bewirtschaftung und Bereitstellung von Produktionsfaktoren

Wie schon in Kap. 2 (‚Die produktiven Faktoren und das Leistungsprogramm der Unternehmung') gezeigt, lassen sich die Produktionsfaktoren zum Zwecke der Prozessanalyse in Arbeit, Investitionsgüter und Material einteilen.

Das *betriebliche Personalwesen* befasst sich mit der Beschaffung, der ‚Bewirtschaftung' und der Bereitstellung der Arbeitskräfte. Im einzelnen werden die Aspekte Personalplanung, Personalentwicklung sowie Entlohnung unterschieden.

Die *Personalplanung* zielt darauf ab, eine Personalstruktur zu erhalten, die den derzeitigen und zukünftigen Erfordernissen des Unternehmens entspricht. Darüber hinaus soll die Personalplanung dafür sorgen, dass die personellen Kapazitäten optimal genutzt werden, so dass auf der einen Seite weder Unter- noch Überforderung der Mitarbeiter eintreten, und so dass auf der anderen Seite weder Über- noch Unterbeschäftigung vorherrschen. Die Personalplanung vollzieht sich in drei Stufen:
*   Im Rahmen der Personalbedarfsplanung wird das Mengengerüst (Quantität) in Abhängigkeit von den zukünftigen Qualifikationserfordernissen (Qualität) festgelegt.
*   Die Planung der Personalanpassung (Beschaffung und Freisetzung) stellt die Ist-Belegschaft der zuvor geplanten Soll-Belegschaft gegenüber. Sie bildet die Grundlage für betriebsbedingte Einstellungen und Entlassungen. Eine Reduzierung der Belegschaft kann auch durch die Instrumente Teilzeitarbeit, Kurzarbeit und Frührente erreicht werden. Darüber hinaus lässt sich auch die natürliche Fluktuation nutzen.
*   Die Personaleinsatzplanung beschäftigt sich mit der konkreten Zuordnung von Mitarbeitern zu den jeweiligen Organisationsgebilden einer Unternehmung.

Um die Qualifikation der Mitarbeiter zu verbessern und den sich laufend ändernden Marktverhältnissen anzupassen, betreiben Unternehmen *Personalentwicklung*. Die Personalentwicklung ist darauf ausgerichtet, noch nicht genutztes Leistungspotential zu entdecken und so zu entwickeln, dass es betrieblich nutzbar wird. In vielen Unternehmen ist die Personalentwicklung institutionalisiert. Ein Personalentwicklungsteam sorgt beispielsweise dafür, dass es in jedem Jahr ein Aus- und Weiterbildungsprogramm gibt. Der Vorteil der Institutionalisierung besteht darin, dass ein Unternehmen sich systematisch mit der Personalentwicklung beschäftigt und dass prinzipiell jeder Mitarbeiter in den Genuss von Personalentwicklungsmaßnahmen kommen kann. Nachteilig ist jedoch, wenn die Aus- und Weiterbildungsprogramme nicht aus der betrieblichen Praxis heraus konzipiert sind, sondern eine Ansammlung nebeneinander stehender Angebote darstellen. Auch ist die Gefahr groß, dass sich Führungskräfte bei Vorhandensein einer institutionalisierten Personalentwicklung dieser wichtigen Führungsaufgabe entziehen. Denn eine der vornehmsten Führungsaufgaben besteht neben der Koordination der unterstellten Mitarbeiter auch darin, dafür zu sorgen, dass sie die zur Erfüllung ihrer derzeitigen und zukünftigen Aufgaben erforderliche Qualifikation erhalten und erweitern.

Die *Entlohnung* (= Vergütung) stellt die Gegenleistung des Unternehmens für die erhaltene Arbeitsleistung dar.[32] In den meisten Fällen orientiert sich die Entlohnung nicht am Bedarf des Mitarbeiters, sondern entspricht dem Wert seiner geleisteten Arbeit.[33] Man unterscheidet Entlohnungsformen, die mittelbar oder unmittelbar mit der Leistungserbringung in Zusammenhang stehen. Unmittelbar mit der Leistungserbringung verbunden ist der Akkordlohn. Geht man davon aus, dass die Arbeitsleistung pro Zeiteinheit nahezu konstant ist, kann auch der Zeitlohn als unmittelbar leistungsbezogen angesehen werden. Unter der Voraussetzung, dass der Arbeitseinsatz pro Monat eine nahezu konstante Größe annimmt, lässt sich auch das Gehalt als unmittelbar leistungsbezogenes Entgelt bezeichnen. Als mittelbar mit der Leistungserbringung in Zusammenhang stehende Entlohnung lassen sich Provisionen und Gewinnbeteiligungen nennen, weil bei gleichem Arbeitseinsatz ein unterschiedliches Entgelt erzielt werden kann.

Statt den Blick auf die Leistungserbringung zu richten, rückt gleichwohl seit geraumer Zeit die Leistungsverwertung, also das Ergebnis der Leistung in den Mittelpunkt. Dabei wird eben nicht gefragt, welche Arbeitsleistung der Mitarbeiter erbracht hat, sondern zu welchem Ergebnis seine Bemühungen geführt haben, ganz gleich mit welcher Intensität und mit welchem Einsatz sie erbracht wurden. Vor diesem Hintergrund wird die

---

[32] Zwecks Erhöhung der Verständlichkeit wird dieser *Nominalgüterstrom* bereits an dieser Stelle behandelt.

[33] Zum Beispiel gibt es im öffentlichen Dienst Zuschläge für Verheiratete und für Kinder.

40

leistungsorientierte (= ergebnisorientierte) Entlohnung (Provisionen, Ergebnisbeteiligungen) von der nicht-leistungsorientierten Entlohnung (Festgehalt) unterschieden. Dabei muss sich die leistungsorientierte Entlohnung nicht (allein) auf das Ergebnis einer Person beziehen, sondern sie kann auf das Ergebnis einer Gruppe oder sogar des ganzen Unternehmens Bezug nehmen. In der Praxis ist eine Mischung aus leistungsorientierter Entlohnung und einem Festgehalt üblich.

Die *betriebliche Investitionsplanung* befasst sich mit der Beschaffung von Anlagegütern (= Investitionsgüter). Viele Unternehmen haben für die Beschaffung von Investitionsgütern ein festes Procedere (Rahmen-programmierung) vorgesehen. Investitionsanträge müssen gestellt, geprüft und genehmigt werden.

Die der Genehmigung zugrunde liegenden Investitionsrechnungen geben Antworten auf folgende Fragen:
• Rechnet sich die Investition?
• Gibt es Alternativen zur vorgeschlagenen Investition?
• Wann hat sich die Investition amortisiert?
• Wann ist die optimale Nutzungsdauer erreicht?
• Handelt es sich um eine Neu- oder eine Ersatzinvestition?

Die Betriebswirtschaftslehre hält zur Lösung derartiger Fragestellungen verschiedene Verfahren der Investitionsrechnung bereit, die von einfa-chen Kostenvergleichen über finanz-mathematische Verfahren bis hin zu komplizierteren Operations-Research-Verfahren reichen. Die Entwicklung von so genannten „Vollständigen Finanzplänen" (VoFi) ist, seitdem Tabellenkalkulationsprogramme breit verfügbar und erschwinglich sind, trotz der damit verbundenen Datenmengen sehr populär geworden.[34]

„Besondere Vorteile des VoFis sind in seiner *Transparenz* und *Ausbaufähigkeit* zu sehen."[35] Vollständige Finanzpläne sind deshalb sehr realitätsnah; sie bieten gegenüber den herkömmlichen finanz-mathe-matischen Verfahren die Möglichkeit,
• Soll- und Habenzinsen unterschiedlich anzusetzen,
• unterschiedliche Zinsen in den einzelnen Nutzungsphasen zu berücksichtigen,
• verschiedene Ausgabe- und Einnahmesituationen in den einzelnen Nutzungsphasen in Ansatz zu bringen und

---

[34] Vgl. Grob, H.L., Einführung in die Investitionsrechnung, 2. Aufl., München 1995.

[35] Grob, Heinz Lothar, Weigel, Ludger, Flexible Investitionsplanung - Integration von VOFI und DPL -, Arbeitspapier Nr. 2, Institut für Wirtschaftsinformatik der Westf. Wilhelms-Universtiät Münster, Oktober 1996, S. 1.

- weitere Ein- und Auszahlungen (z. B. Steuern) und Bedingungen (z. B. konjunktureller Art, vorzeitige Tilgung eines Kredits) in das Modell einzubringen.

Zeitpunkt	0	1	2	3	4	5
Zahlungsfolge der Investition	-18.000	7.500	7.500	14.000	14.000	14.000
Eigenkapital						
+ Anfangsbestand	9.000					
- Entnahme						
+ Einlage						
Standardkredit						
+ Aufnahme	9.000					
- Tilgung		5.758	3.242			
- Sollzinsen		1.170	421			
Standardanlage						
- Anlage			1.808	7.255	7.478	7.709
+ Auflösung						
+ Habenzinsen				145	725	1.323
Steuerzahlungen						
- Auszahlungen		572	2.028	6.890	7.247	7.615
+ Erstattung						
Finanzierungssaldo	0	0	0	0	0	0
Bestandsgrößen						
Kreditbestand	9.000	3.242				
Guthabenstand			1.808	9.063	16.541	24.250
Bestandssaldo	**-9.000**	**-3.242**	**1.808**	**9.063**	**16.541**	**24.250**

Abbildung 10: Beispiel für einen vollständigen Finanzplan[36]

Zur Bewirtschaftung und Bereitstellung von Investitionsgütern gehört auch, die Einsatzbereitschaft der Anlagen sicherzustellen. Durch ,organisierte Reparaturen' in Form von zyklischen oder an Verbrauchsniveaus (Einsatzzeiten, Leistungsabgabe) ausgerichteten Wartungsarbeiten lassen sich unangenehme Überraschungen und damit unnötige Kosten (unter anderem ungeplante Ausfallkosten) vermeiden.

Gegenstand der **betrieblichen Materialwirtschaft** ist die Beschaffung, Bewirtschaftung und Bereitstellung des Materials. Ihr oberstes Ziel lautet: Kostenoptimale Bereitstellung des für die Leistungserstellung benötigten Materials

- in der richtigen Qualität,
- in der richtigen Menge,

---

[36] Quelle: Grob, Heinz Lothar, Weigel, Ludger, Flexible Investitionsplanung - Integration von VOFI und DPL -, Arbeitspapier Nr. 2, Institut für Wirtschaftsinformatik der Westfälischen Wilhelms-Universtiät Münster, Oktober 1996, S. 8.

42

- zur richtigen Zeit und
- am richtigen Ort.

Qualitätsprobleme können in einigen Fällen kompensiert werden, führen dann aber quasiautomatisch zur Inanspruchnahme zusätzlicher Produktionsfaktoren; oft schlagen Qualitätsprobleme auch auf das Endprodukt durch. Die richtige Menge ergibt sich aus der expliziten Berücksichtigung von Transport- und Lagerkosten einerseits, andererseits aber auch aus Risikoerwägungen: Zu niedrige Mengen können bei Marktschwankungen auch zu ungewollten Produktionsausfällen führen. Gleichwohl ist in den letzten Jahren eine Tendenz zu immer kleineren Einstandsmengen zu beobachten. Moderne kaufmännische Lösungen mit integrierter Bestandsführung[37] sorgen für eine bessere Transparenz über die vorhandenen und in naher Zukunft benötigten Materialien. Darüber hinaus sind die Rechenkapazitäten und damit die Möglichkeiten zum Berechnen optimaler Beschaffungszeitpunkte deutlich gestiegen. Selbst aufwändige Simulationen stellen heute kein Problem mehr dar.

In Handel und Industrie ist es mittlerweile sogar weit verbreitet, eine Belieferung ‚just in time‘, also genau dann, wenn das Gut benötigt wird, zu verlangen.

3.3.1.2 Wertschöpfung im engeren Sinne: Produktion

Zwischen den Produktionsfaktoren und dem abzusetzenden Gut steht die Wertschöpfung im engeren Sinne.[38]

Bei den *Organisationsklassen der Fertigung* (Abb. 11) wird die räumliche Anordnung der Produktion in den Mittelpunkt der Betrachtung gerückt. Zunächst lassen sich die ortsgebundene und die ortsveränderliche Fertigung unterscheiden. Die Baustellenfertigung als Variante der ortsveränderlichen Fertigung ist im Handwerk weit verbreitet: Maurer bauen ein Haus, auf dieser Baustelle errichten Zimmerer den Dachstuhl, Dachdecker decken das Dach ein, Putzer (und später) Anstreicher bearbeiten die Innenwände usw. Eine Fertigung nach dem Wanderprinzip findet statt, wenn die Baustelle in Bewegung ist (z.B. Straßenbau, Kanalbau).

Im Rahmen der ortsgebundenen Fertigung wird die Werkstattfertigung, in der an einem Ort verschiedene Verrichtungen ausgeführt werden, von der Fertigung nach dem Flussprinzip unterschieden. In der Fertigung nach dem Verrichtungsprinzip werden verrichtungsverschiedene Werkstätten

---

[37] In der Industrie spricht man von so genannten PPS (Produktionsprogramm-Steuerungs-Systeme), während im Handel von WWS (Waren- Wirtschafts- System) die Rede ist. Als Überbegriff für beide Softwarearten wird neuerdings der Begriff ERP (Enterprise Resource Planning) verwendet.

[38] Im weiteren Sinn gehören Beschaffungs- und Absatztätigkeiten selbstverständlich auch zur Wertschöpfung.

43

miteinander gekoppelt, während das Gut bei der Werkbankfertigung an einer einzigen Stelle gefertigt wird. Im Gegensatz zur Werkstattfertigung nach dem Verrichtungsprinzip spielt bei der Fertigung nach dem Flussprinzip die vorgegebene Reihenfolge, also der Arbeitsfluss die entscheidende Rolle. Die Fertigung nach dem Flussprinzip lässt sich weiter gliedern in Reihenfertigung (ohne Zeitzwang) und Fließfertigung (mit Zeitzwang).

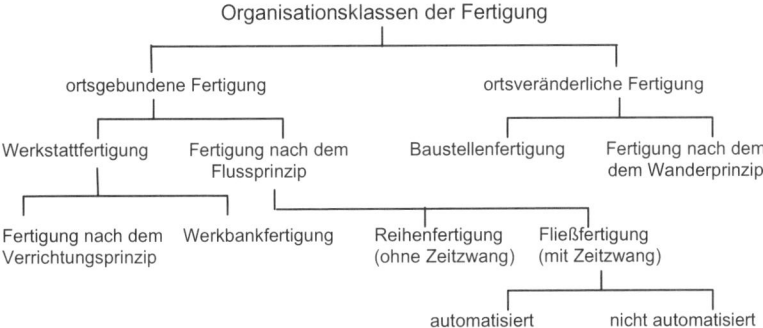

Abbildung 11: Organisationsklassen der Fertigung[39]

Unter einer **Verfahrensklasse der Fertigung** (Abb. 12) versteht man die Art und Weise der Produktion. In der Einzelfertigung werden im Gegensatz zur Mehrfachfertigung Unikate hergestellt. Diese können nacheinander (sukzessiv) oder parallel (simultan) gefertigt werden. Bei der Mehrfachfertigung wird die Mehrprodukt- von der Einprodukt-Massenfertigung unterschieden. Die Mehrproduktfertigung bezeichnet man als Parallelfertigung, wenn unterschiedliche Produkte unverbunden nebeneinander hergestellt werden. Wird ein Produkt nicht mehr hergestellt, hat dies keinerlei Auswirkungen auf die übrigen Produkte. Die Verbundproduktion ist durch eine räumlich nicht isolierte Fertigung verschiedener Produkte gekennzeichnet. Ist eine Verbundenheit möglich, aber nicht notwendig, wird diese Fertigungsform als Alternativfertigung bezeichnet: Ein Möbelhersteller kann auf den gleichen Maschinen in den gleichen Räumen aus Synergiegründen sowohl Tische als auch Stühle, möglicherweise sogar in unterschiedlichen Varianten fertigen. Ist die Verbundenheit hingegen von ‚zwangsweiser Natur', spricht man von einer Komplementärfertigung. Stehen die Produkte in einem festen Verhältnis, ist die Komplementärfertigung vollkommen. Unvollkommene Komplementärfertigung ist demzufolge gegeben, wenn das Verhältnis der erzeugten Produkte variabel und steuerbar ist.

[39] In Anlehnung an: Ahlert, D., Franz, K.-P., Kaefer, W., Grundlagen und Grundbegriffe der Betriebswirtschaftslehre, 5. Aufl., Düsseldorf 1990, S. 138.

44

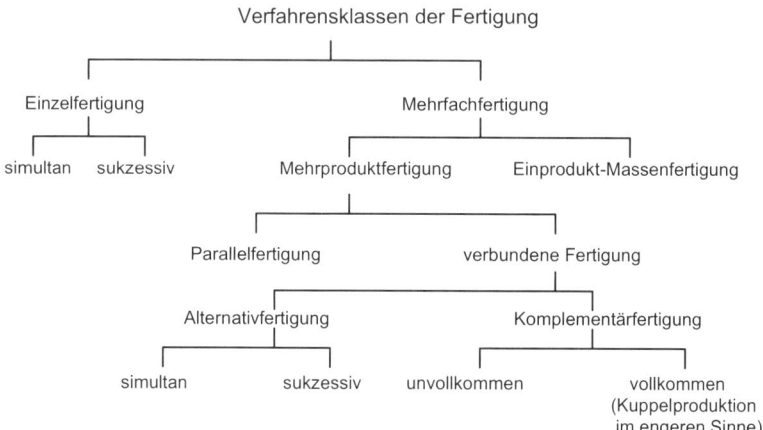

Abbildung 12: Verfahrensklassen der Fertigung[40]

Die Komplementärfertigung ist in der chemischen Industrie und in Ölraffinerien weitverbreitet. Bei der Erzeugung bestimmter flüssiger Chemikalien fallen in einem festen Verhältnis auch Gase an. Auch bei der Herstellung von Weizenmehl fällt in einem festen Verhältnis ein Zusatzprodukt, nämlich Kleie, an (vollkommene Komplementärfertigung). In der Raffinerie kann in Grenzen bestimmt werden, wieviel Dieselkraftstoff, Benzin oder Kerosin aus dem Rohöl erzeugt werden soll (unvollkommene Komplementärfertigung).

Schließlich ist die auftragsorientierte Fertigung von der Fertigung ‚auf Lager‘ (= lagerorientierte bzw. auftragsanonyme Fertigung) zu unterscheiden: Die *auftragsorientierte Fertigung* setzt frühestens dann ein, wenn ein Auftrag des Kunden vorliegt. Diese Fertigungsform findet sich überwiegend im Handwerk, mehr und mehr aber auch in der Industrie. So ist es beispielsweise in der Automobilindustrie seit einigen Jahren üblich, dass der Kunde den gewünschten Neuwagen beim Händler ‚vorkonfiguriert‘, um ihn nach einigen Wochen Lieferzeit entgegenzunehmen. Aber auch die Produktion ‚auf (ein Absatz-) Lager‘ ist in der Automobilindustrie üblich, etwa um Nachfrageschwankungen auszugleichen. Im Falle eines plötzlichen Nachfragerückgangs wird „auf Lager" produziert. Diese Autos kommen dann in Zeiten von Nachfrageüberhängen oder im Rahmen von Sonderaktionen auf den Markt. Diese *lagerorientierte Fertigung* kommt in der Regel bei der so genannten Massenproduktion zum Einsatz (z.B. industriell gefertigte Lebensmittel, Standardwerkzeuge, Standardwerkstoffe u.ä.).

---

[40] In Anlehnung an: Ahlert, D., Franz, K.-P., Kaefer, W., Grundlagen und Grundbegriffe der Betriebswirtschaftslehre, 5. Aufl., Düsseldorf 1990, S. 138.

3.3.1.3 Leistungsverwertung am Markt (Absatz/ Marketing)

Die Absatztätigkeit der Unternehmung, die aus dem Verkauf der beschafften und durch den Produktionsprozess geänderten Produkte am Markt besteht, ist – formal gesehen - die Schlussphase des güterwirtschaftlichen Prozesses. Das bedeutet aber keineswegs, dass Absatzfragen auch zeitlich immer als letzte zu klären sind. Ganz im Gegenteil: Die gesamte Planung des Leistungsprozesses nimmt ihren Ausgang in der Regel im Absatz. Dieser eigentliche Engpassbereich determiniert letztlich alle anderen Unternehmungsprozesse.

Man muss also vor der Beschaffung und vor der Produktion wissen, welche Güterarten und -mengen abgesetzt werden können. Dies bestimmt auch die Finanzierung des Unternehmens. Wird die Gesamtaufgabe des Unternehmens vom (Absatz-) Markt her bestimmt, so bezeichnet man die Leistungsverwertung am Markt heute im Allgemeinen nicht mehr als Absatz, sondern als Marketing.

„Marketing bedeutet einmal die Führung der Gesamtunternehmung vom (Absatz-) Markt her und zum anderen die systematische Beeinflussung des Markts zugunsten der Unternehmung."[41]
„Marketing bedeutet dementsprechend Planung, Koordination und Kontrolle aller auf die aktuellen und potentiellen Märkte ausgerichteten Unternehmensaktivitäten."[42]

Dazu sind Informationen über die Marktverhältnisse und die Marktteilnehmer (insbesondere über das Verhalten der Verbraucher, Absatzmittler und Konkurrenten) notwendig.[43] Diese Informationen gewinnt die Unternehmung durch Marktforschung. Dabei sind nicht nur vergangenheitsbezogene Informationen von Interesse, sondern vor allem Informationen über den Markt in der Zukunft. Im einfachsten Fall werden in der Vergangenheit feststellbare Trends in die Zukunft fortgeschrieben. Kompliziertere Prognoseverfahren beziehen darüber hinaus die eigenen Aktionen, die zu einer Verbesserung der eigenen zukünftigen wirtschaftlichen Situation beitragen sollen, mit ein. Dabei ist darauf zu achten, dass

---

[41] Ahlert, D., Franz, K.-P., Kaefer, W., Grundlagen und Grundbegriffe der Betriebswirtschaftslehre, 5. Aufl., Düsseldorf 1990, S. 141.

[42] Meffert, Heribert, Marketing, Einführung in die Absatzpolitik, 6. Aufl., Wiesbaden 1982, S. 35.

[43] Dies gilt nicht nur für die lagerorientierte bzw. auftragsanonyme, sondern auch für die auftragsorientierte Fertigung. Während bei der lagerorientierten Fertigung Vordispositionen über alle drei Produktionsfaktoren (Arbeit, Investitionsgüter, Materialien) zu treffen sind, ist die auftragsorientierte Fertigung mindestens auf Vordispositionen der Produktionsfaktoren Arbeit und Investitionsgüter angewiesen. Aber auch dann, wenn eine Synchronisation zwischen Beschaffung und Produktion nicht herzustellen ist, spielen im Rahmen der auftragsorientierten Fertigung Absatzerwartungen eine wichtige Rolle.

auch die Aktionen des Wettbewerbs sowie dessen Gegenreaktionen auf die eigenen Maßnahmen berücksichtigt werden.
Die Marktforschung greift auf primär und sekundär erhobene Daten zurück. Sekundärmaterial befindet sich in eigenen oder fremden Quellen und muss nicht aufwendig erhoben werden. Primärmaterial hingegen erfordert eigene Untersuchungen, in Form von Befragungen und/ oder Beobachtungen.

Eine moderne, kostengünstige Variante stellt der Einsatz von Kundenkarten dar. Einerseits lässt sich so dem Kunden ein Preisnachlass gewähren, der sich nicht allein auf einen einzigen Einkauf bezieht (Rabatt), sondern mehrere Einkäufe zusammenfasst (Bonus). Die aus der Verknüpfung der Kundenkarte (Identifikation) mit den tatsächlich erfolgten Einkäufen ermittelten Daten ermöglichen das Anlegen eines Kundenprofils, welches die Grundlage für eine Zielgruppeneinordnung und damit eine sehr gezielte Ansprache des Kunden bildet. Bei Kundenkarten lässt sich der streng unternehmensbezogene (z.b. Karstadt-Kundenkarte) von einem unternehmensübergreifenden (z.b. Payback, Happy Digits) Ansatz unterscheiden. Mit beiden Ansätzen lassen sich die angesprochenen Funktionen Rabatt und Kundenprofil unterstützen. Der Vorteil beim unternehmensübergreifenden Ansatz besteht für den Konsumenten darin, dass er entsprechend weniger Kundenkarten mit sich führen muss.
Eine weitere neue Variante der Ermittlung von Primärdaten wird mit ECR (= efficient customer response) eröffnet. Mit diesem Konzept wird beabsichtigt, den Informationsfluss zwischen Herstellern und Handelsunternehmen durch die artikelgenaue Erfassung (Scanning) des Abverkaufs von Realgütern am Verkaufspunkt (POS: Point of Sale) und durch unmittelbare Weiterleitung dieser Daten zu beschleunigen. Während Herstellern früher erst mit der Bestellung bzw. Nachbestellung Informationen über den Erfolg oder Misserfolg der angebotenen Güter beim Konsumenten vorlagen, wird diese Information im Rahmen von ECR bereits kurz nach dem Kaufakt mit Hilfe elektronischer Medien übertragen. Dies ermöglicht dem Hersteller, die eigene Beschaffung sowie die Produktion zeitnah an Veränderungen des Konsumentenverhaltens anzupassen.
Das ECR-Konzept wird von einigen Unternehmen bis zum ‚vendor managed inventory' (VMI) fortentwickelt: Demnach ist es alleinige Aufgabe des Lieferanten, für Nachschub zu sorgen. Denn mit ECR verfügt der Lieferant über die gleichen Abverkaufsdaten wie sein Kunde. Also kann auch der Lieferant die Entscheidung über den Nachschub treffen und seinen Kunden von mühsamen Bestellprozessen entlasten.

Durch den Einsatz der absatzpolitischen Instrumente lässt sich der Markt zu Gunsten des Unternehmens beeinflussen. Der Zweck der Absatzpolitik besteht darin, mögliche Abnehmer zum Kauf der angebotenen Absatzgüter zu veranlassen. Hierzu müssen

- zum einen die geeigneten Abnehmer definiert und ausgewählt werden (Zielgruppendefinition, Abnehmerselektion),
- zum anderen die selektierten Abnehmer von den eigenen Produkten und Leistungen überzeugt werden (Abnehmerakquisition).

Die **Marketingorganisation** stellt in diesem Zusammenhang das Organisationsgebilde dar, welches alle unternehmungsinternen und -externen

47

Organe umfasst, die sich mit Marketingaufgaben im Sinne und auf Weisung der Unternehmung beschäftigen. Dieser Marketingorganisation steht der Kreis potentieller Abnehmer gegenüber. Hierzu gehören nicht nur die Konsumenten (private Haushalte), sondern auch institutionelle Haushalte (z. B. Behörden, Krankenhäuser), Wiederverkäufer und die Produzenten, die die eingekauften Absatzgüter als Produktionsfaktoren in ihren Betrieben verwenden.

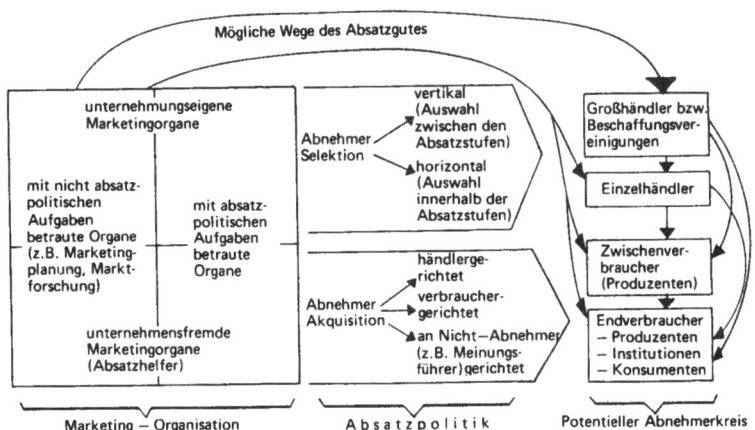

Abbildung 13: Der Zusammenhang zwischen Marketing-Organisation, Absatzpolitik und Abnehmern[44]

„Die Abnehmerselektion umfasst zwei Typen von Entscheidungen:

• Zunächst ist eine Auswahl unter den Abnehmern nach dem Merkmal ihrer Zugehörigkeit zu verschiedenen Absatzstufen vorzunehmen. Denkbar ist beispielsweise, dass der Absatzweg der Absatzgüter vom Hersteller über Großhändler und Einzelhändler zu den Verbrauchern verläuft. Der Hersteller hat daher im Rahmen der *vertikalen Selektion* eine Auswahl zwischen diesen Absatzstufen zu treffen, also die Frage zu entscheiden, ob er an Großhändler, Einzelhändler oder direkt an die Verbraucher absetzen soll.

• Darüber hinaus ist innerhalb der eingeschalteten Absatzstufen eine Auswahl zu treffen (*horizontale Selektion*)."[45]

Entscheidet sich ein Unternehmen dafür, seine Produkte und Dienstleistungen über Zwischenstufen an den Endver- oder -gebraucher zu

---

[44] Ahlert, D., Franz, K.-P., Kaefer, W., Grundlagen und Grundbegriffe der Betriebswirtschaftslehre, 5. Aufl., Düsseldorf 1990, S. 142.

[45] Ahlert, D., Franz, K.-P., Kaefer, W., Grundlagen und Grundbegriffe der Betriebswirtschaftslehre, 5. Aufl., Düsseldorf 1990, S. 142.

vermarkten, hat er im Rahmen der Absatzpolitik zwei unterschiedliche Ansatzpunkte zur Forcierung des Verkaufs: Einerseits kann er versuchen, über die Push-Methode die entsprechende Zwischenstufe zu beeinflussen; der Ausdruck ‚Push-Methode' ist von der Vorstellung geprägt, dass der Hersteller seine Ware in den Markt ‚drückt'. Mit Hilfe der Pull-Methode spricht der Hersteller den Endver- oder -gebraucher direkt an, um ihn zu veranlassen, die Ware bei der Zwischenstufe nachdrücklich zu verlangen und sie quasi aus den Regalen zu ‚ziehen'.

Auch über so genannte Meinungsführer lässt sich der Markt zum eigenen Vorteil beeinflussen. Diese Meinungsführer müssen nicht unbedingt selbst Abnehmer der Absatzgüter sein (z. B. beeinflussen jugendliche Familienangehörige nicht selten den Kauf von Automobilen ihrer Eltern; Ärzte üben einen erheblichen Einfluss auf den Kauf von Arzneimitteln durch Patienten aus).

Im Rahmen der Absatz- bzw. Marketingpolitik hat das Unternehmen unter anderem Entscheidungen zu Produkt- und Verpackungsgestaltung, Markenpolitik, Programm- bzw. Sortimentgestaltung, Preispolitik, Verkaufspolitik, Absatzkreditpolitik, Lieferungspolitik, Kundendienstpolitik, Absatzwerbung, Verkaufsförderung und Public Relations zu treffen.

Im Rahmen der Distributionspolitik ist darüber hinaus zu entscheiden, ob die Ware oder Leistung zugestellt oder abgeholt werden soll. Durch die weite Verbreitung des Internets ist die Zustellung von Ware in jüngster Zeit wieder zu einem populären Thema geworden. Unternehmen, für die die Zustellung von Ware bislang kein Thema war, denken nun verstärkt über diese Möglichkeit nach. Diese erfordert die Definition und den Betrieb von neuen Geschäftsprozessen, die mit der physischen Distribution keineswegs abgeschlossen sind. Besondere Schwierigkeiten erwachsen aus der noch nicht zufriedenstellend gelösten Elektronifizierung der Bezahlung.

3.3.2   Der Nominalgüterstrom

Aus der nachfolgenden Abbildung wird deutlich, welche Finanzströme die Unternehmung umgeben.

Das so genannte ‚Tagesgeschäft' ist oben links dargestellt. Die finanzwirtschaftliche Beziehung zu den Beschaffungsmärkten stellt die Faktorausgaben, den Gegenwert für die Produktionsfaktoren, dar. Auf der anderen Seite erhält das Unternehmen von den Absatzmärkten Umsatzeinnahmen als Gegenwert für die abgesetzten Güter und Dienstleistungen.

49

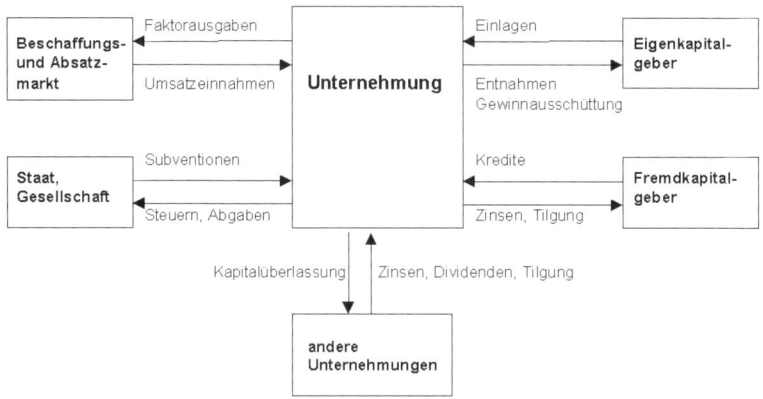

Abbildung 14: Die finanzwirtschaftlichen Prozesse[46]

Die finanzwirtschaftlichen Beziehungen zu Eigenkapitalgebern, Fremdkapitalgebern, zum Staat und gegebenenfalls zu anderen Unternehmungen
(, die nicht zu Beschaffungs- und Absatzmärkten gehören,) gehören, bis
auf wenige Beziehungen zu Staat und Gesellschaft (z.b. Umsatzsteuer-
voranmeldung, Zahlung der Lohnsteuer), nicht zum ‚Tagesgeschäft', da
sie nur wenige Male im Jahr einen aktiven Zustand annehmen.

Der Eigenkapitalgeber versorgt das Unternehmen mit Hilfe von Einlagen
mit finanziellen Mitteln. Als Gegenleistung erhält er in Jahren, in denen
das Unternehmen erfolgreich ist, eine Gewinnausschüttung. Er hat auch
die Möglichkeit, seinen Anteil am Unternehmen oder den Wert des
Unternehmens zu reduzieren, indem er Entnahmen tätigt.

Finanzmittel, die durch Fremdkapitalgeber beigesteuert werden, nennt
man Kredite. Diese sind im Gegensatz zu Einlagen von vornherein an
eine bestimmte Laufzeit gebunden. Als Gegenleistung erhält der Fremdkapitalgeber Zins und Tilgung. Die Zinsen können fest und variabel vereinbart werden, wobei sich variable Zinsen nicht wie die Gewinnausschüttung am Erfolg der Unternehmung bemessen, sondern auf andere
Entwicklungen, etwa die des durchschnittlichen Zinsniveaus, abstellen.
Die Tilgung kann in Teilen bereits während der Laufzeit erfolgen. Es kann
aber auch vereinbart werden, dass die Tilgung am Ende der Laufzeit
erfolgt.

---
[46] In Anlehnung an: Ahlert, D., Franz, K.-P., Kaefer, W., Grundlagen und Grundbegriffe der Betriebswirtschaftslehre, 5. Aufl., Düsseldorf 1990, S. 144.

Während an Staat und Gesellschaft Steuern und Abgaben zu leisten sind, erhält die Unternehmung unter Umständen Subventionen. Abgaben sind im Gegensatz zu Steuern zweckgebunden. Der ,Solidaritätszuschlag' in Deutschland stellt beispielsweise eine Abgabe dar, die allein für den Aufbau der Infrastruktur in den neuen Bundesländern verwendet wird. Steuern hingegen werden je nach Erfordernis eingesetzt. Subventionen sollen dazu beitragen, die Überlebensfähigkeit von wirtschaftlich nicht erfolgreichen Unternehmen, die dennoch politisch für erforderlich gehalten werden, sicher zu stellen.

Stellt ein Unternehmen einem anderen Unternehmen Finanzmittel zur Verfügung, ohne dass es von diesem dafür eine Gegenleistung in Form von Produktionsfaktoren erhält, spricht man von Kapitalüberlassung. Dies kann als Eigen- oder Fremdkapitalüberlassung erfolgen. Die Gegenleistung dafür entspricht dann den finanzwirtschaftlichen Inputbeziehungen, die weiter oben aus der Sicht von Eigenkapitalgebern (Entnahmen, Gewinnausschüttung) und Fremdkapitalgebern (Zins, Tilgung) diskutiert wurden.

Der Zufluss von Liquidität lässt sich durch den weiter oben dargestellten (vgl. Abbildung 8) Nominalgüterfluss II (Finanzierung) und durch den Nominalgüterfluss I (Gegenstrom zum Realgüterfluss) sicherstellen. Unterstellt man, dass der Nominalgüterfluss I den zu Erstellungskosten bewerteten Realgüterfluss übersteigt und ausreicht, die aktuellen Ansprüche aus dem Nominalgüterfluss II zu befriedigen, verfügt das Unternehmen zu diesem Zeitpunkt über eine ausreichende Liquidität. Die Forderung nach Erhaltung der Liquidität bedeutet nichts anderes, als dass ein Unternehmen zu jeder Zeit sicherstellen muss, dass es seinen Zahlungsverpflichtungen nachkommen kann. Verfügt eine Unternehmung nicht mehr über ausreichende Liquidität, wird es solange unter staatliche Verwaltung gestellt, bis eine Einigung mit den Gläubigern erfolgt ist. Gelingt es, in dieser schwierigen Phase ein Konzept zu erstellen, das die Gläubiger überzeugt, kann das Unternehmen fortgeführt werden. Solche Konzepte beinhalten in aller Regel gravierende organisatorische Konsequenzen (z.B. Schließung und Verkauf von Betriebsteilen). In vielen Fällen gelingt die Erstellung eines wirtschaftlich tragfähigen Konzeptes jedoch nicht, so dass das Unternehmen beendet werden muss.

Während organisatorische Bemühungen in der Vergangenheit sehr stark auf den Fertigungsprozess ausgerichtet waren, werden in jüngerer Zeit verstärkt auch die finanzwirtschaftlichen „Alltags-" Prozesse Gegenstand der Betrachtung. So ist es beispielsweise sehr beliebt, im Geschäfts- und Privatkundenverkehr Bankeinzug zu vereinbaren.

Beim in der Praxis seltener vorkommenden *Abbuchungsauftrag* schließt der Kunde einen Vertrag mit der Bank, dass ein Dritter (= Lieferant) von seinem Konto abbuchen darf. Dieser Kunde zahlt dafür eine Gebühr an die Bank. Dieses

Verfahren ist für den Gläubiger, also den Lieferanten, sehr sicher, da er zum Zeitpunkt der finanzwirtschaftlichen Transaktion, soweit das Konto des Kunden gedeckt ist, bereits in den endgültigen Besitz des Nominalgutes kommt. Beispiele: Ein Cash & Carry-Unternehmen vereinbart mit seinen kleinen Gewerbetreibenden für den Fall, dass nicht bar bezahlt wird, einen Abbuchungsauftrag einzurichten. Tankstellen gewähren (in aller Regel gewerbetreibenden) Kunden das Tanken ‚auf Rechnung' wenn zuvor ein Abbuchungsauftrag eingerichtet wurde. Manchmal verlangt auch ein Vermieter einer Immobilie, dass der Mieter per Abbuchungsauftrag zahlt.

Eine wesentlich häufiger anzutreffende Variante des Bankeinzugs stellt das *Lastschriftverfahren* dar. Dabei erteilt der Kunde seinem Lieferanten gegenüber für ein wiederkehrendes Geschäft eine Einzugsermächtigung (Bsp.: Zeitungsabbonnement). Diese legt der Lieferant beim Geldinstitut vor, um auf dieser Basis seine Forderung ‚einzuziehen'. Der Kunde kann jede Transaktion, die eine Einzugsermächtigung zur Grundlage hat, i.d.R. innerhalb einer Frist von 6 Wochen widerrufen.

Schließlich wird der Bankeinzug auch bei einmaligen Transaktionen immer beliebter: Die insbesondere bei Internet-Transaktionen mit argen Sicherheitslücken behaftete Bezahlung via Kreditkarte wird, soweit eine Lieferung „auf Rechnung" nicht in Betracht kommt, häufig durch die Erteilung eines einmaligen Bankeinzugs ersetzt. Genau dieses Verfahren liegt auch der Bezahlung per EC-Karte zugrunde, wenn der Händler/ Lieferant eine Unterschrift vom Kunden verlangt. Demgegenüber ist die Bezahlung per EC-Karte mit PIN-Code-Eingabe die sicherere, aber für den Handel auch teurere Variante. Sie entspricht exakt dem Abbuchungsauftrag.

Die bargeldlose Bezahlung, in Deutschland noch lange nicht so beliebt wie zum Beispiel in den USA, hat für die Unternehmen erhebliche abwicklungstechnische Vorteile.

Die Automatisierung des Zahlungseingangs samt Prüfung und Ausgleich der so genannten „Offenen Posten" (- den Prozess nennt man Inkasso -) enthält noch heute ein erhebliches Rationalisierungspotential. Während große Unternehmen wie die Deutsche Telekom diesen Prozess weitgehend beherrschen (und die Übernahme dieses Prozesses sogar als Dienstleistung anbieten), tun sich kleine und mittlere Unternehmen noch schwer damit, die in der eigenen kaufmännischen Software vorhandenen offenen Posten mit den von Banken erhältlichen, digitalen Informationen über den erfolgten Zahlungseingang (Gutschrift) abzugleichen.

Eine noch junge Entwicklung stellt die Bezahlung mit Hilfe mobiler Telefone dar. Dabei kann auf entsprechende Dienstleister zurückgegriffen werden, die dem Lieferanten gegenüber sicherstellen, dass die diesem System angehörigen, potenziellen Nachfrager über die notwendigen Zahlungsmittel verfügen. Auch die Banken arbeiten derzeit an Lösungen. Im Gespräch ist die Variante, dass die Zahlungsanweisung per SMS (short message service, internationaler Standard zur Versendung von Kurznachrichten über mobile Telefone) an die Bank gesendet wird, während die Bank dem Verkäufer im Gegenzug per SMS mitteilt, dass sie ihm eine Gutschrift erteilt hat. Dieses System setzt voraus, dass entweder

52

Käufer und Verkäufer mit der gleichen Bank zusammenarbeiten, oder dass sich die Banken entsprechend miteinander vernetzen.

Es hat sich herausgestellt, dass die Bezahlung von Waren, die im Internet bestellt wurden, noch mit Nachteilen behaftet ist. Die Zahlung ‚per Nachname' ist den Transaktionspartnern oftmals zu teuer, die Zahlung mit Hilfe der Kreditkarte hingegen zu unsicher. Auch das bereits erwähnte Lastschriftverfahren hat durchaus Nachteile: Zum einen kann die Zahlung innerhalb einer Frist (üblich: 6 Wochen) widerrufen werden. Zum anderen beschleicht den ein oder anderen Kunden durchaus ein seltsames Gefühl, wenn er seine Bankverbindung preisgeben soll. Die Banken versichern zwar, dass nur seriöse Anbieter per Lastschriftverfahren einziehen können, aber die Unsicherheit ist tief verwurzelt. Vor diesem Hintergrund haben sich weitere Zahlungsverfahren entwickelt. Zum Beispiel bietet das Internetauktionshaus eBay unter der Bezeichnung ‚iloxx' ein Treuhandkonto an, mit dem sichergestellt wird, dass eine Bezahlung erst dann erfolgt, wenn der Kunde die Ware geprüft und für mangelfrei erklärt hat.[47] Darüber hinaus hat der gleiche Anbieter mit dem Service ‚paypal' ein Angebot entwickelt, das die Überweisung vereinfacht, die Bankverbindung gegenüber Anbietern verschleiert, eine Versicherung einschließt und preiswerte Auslandüberweisungen ermöglicht. Schließlich bieten einige Anbieter auch das so genannte ‚micro-payment' an. Dabei zahlt ein Kunde im Voraus einen Betrag auf ein virtuelles Konto ein und zahlt von diesem Konto kleinere Geldbeträge, wie kostenpflichtige Texte und Services.

3.3.3 Der Informationsgüterstrom

Der Informationsgüterstrom ist wie kein anderer besonders gut geeignet, durch neue Technologien (Personal Computer, Internet, mobile Telefonie) unterstützt zu werden. Während es noch Schwierigkeiten bereitet, Geldströme zu digitalisieren (siehe oben) und Realgüterströme nur in Ausnahmefällen elektronifiziert werden können (z.B. Downloads von Software, Musik, Filmen, Auskünften etc.), bietet sich der Informationsgüterstrom für den Einsatz neuer Technologien geradezu an.
In der nachfolgenden Abbildung ist dargestellt, welchen Weg eine Information nehmen muss, um zum Ziel zu gelangen. Auf ihrem Weg unterliegt die Information Einflüssen des Senders, des Empfängers sowie des gewählten Kommunikationskanals.

---

[47] Aus dem Handel mit Haus- und Grundbesitz ist dieses Verfahren schon lange bekannt: Notare bieten die Abwicklung dieser Geschäfte über ein ‚Notaranderkonto' an.

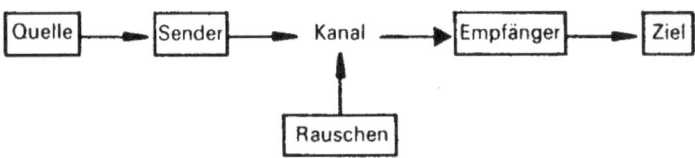

Abbildung 15: Das Informationsübertragungsmodell von Shannon/ Weaver[48]

Diese Kommunikationshürden, die die Information dabei nehmen muss, sind keineswegs allein technischer Natur, wie Kurt Wahren treffend beschreibt:

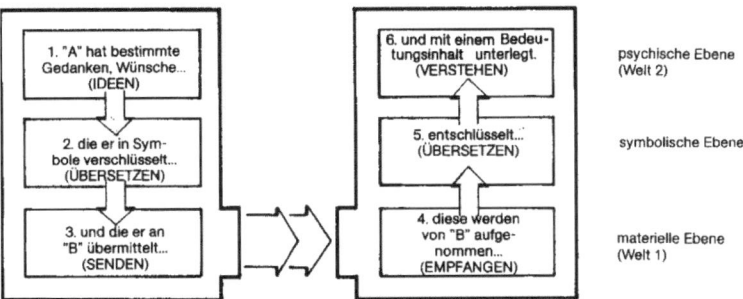

Abbildung 16: Der Prozess der Informationsübermittlung nach Wahren[49]

Kommunikation ist der Austausch von Informationen. In der Betriebswirtschaft war der Informationsbegriff zunächst von Erkenntnissen aus der Nachrichtentechnik geprägt. Dabei konzentrierte sich die Informationsanalyse zunächst lediglich auf die Anordnung sprachlicher Elemente und die Gesetzmäßigkeiten ihres Auftretens. Es wurden demnach nur die Art und Menge der Zeichen oder Signale betrachtet, nicht so sehr die Inhalte. Neben dieser physikalischen Ebene sind aber auch die semantische sowie die pragmatische Ebene von Bedeutung. Ein Komplex von Daten und Zeichen wird zu einer Nachricht (Semantik); und erst Nachrichten, denen eine Zweckorientierung innewohnt, werden zur Information (Pragmatik).

---

[48] Quelle: Wahren, K., Zwischenmenschliche Kommunikation und Interaktion in Unternehmen, Berlin/ New York 1987, S. 29.

[49] Wahren, K., Zwischenmenschliche Kommunikation und Interaktion in Unternehmen, Berlin/ New York 1987, S. 91.

Informationen müssen nicht nur erhoben und verwendet, sondern auch, wenn sie von mehreren Personen benutzt werden, sachgerecht aufbereitet (präsentiert) werden. Die Qualität einer Information hängt vom Informationsgehalt, von der Wahrscheinlichkeit, dass diese Information auch zutrifft (vgl. Suchmaschinen im Internet), von der Glaubwürdigkeit, der Überprüfbarkeit und der Aktualität ab. Vom Informationsgrad spricht man, wenn man die tatsächlich vohandenen Informationen ins Verhältnis zu den notwendigen Informationen setzt.

Der Prozess der Informationsgewinnung und -verarbeitung lässt sich in einem 4-Stufen-Modell darstellen:
1. Informationsbeschaffung und -bereitstellung,
2. Informationsumwandlung (Transformation; Verdichtung),
3. Informationsspeicherung und
4. Informationsabgabe bzw. -entnahme

Die Erfindung der Schrift befähigte den Menschen, indirekt ('remote' = ohne dass die Gesprächspartner gleichzeitig in Verbindung treten) zu kommunizieren. Mit dem Telefon gelang es, direkte Kommunikation in Fällen, in denen sich die Gesprächspartner nicht zeitgleich an einem Ort aufhalten, zu ermöglichen. Mit dem Faxgerät wurde die indirekte Kommunikation erheblich beschleunigt. Wartete man bislang Tage auf ein Dokument, wurde diese Zeitspanne auf wenige Minuten reduziert. EMail beschleunigte diese Art der 'remote'-Kommunikation noch einmal, mit weiteren Vorteilen (Anhängen beliebiger Dateien in beliebigen Formaten, integrierte Adressbuchverwaltung, erweiterte Mobilität). Diese technische Entwicklung hat die Abläufe in Unternehmen erheblich beeinflusst. Dazu zählen nicht allein die Abläufe, in denen Informationen übertragen werden. Auch die Realgüter- und Nominalgüterströme sind immer von Informationsgüterströmen umgeben.

Die Digitalisierung von Kommunikation und Information wurde maßgeblich durch den Durchbruch des Internets vorangetrieben. Seit etwa 1995 entwickelt sich das Internet zu einem gesamtgesellschaftlichen Informations- und Kommunikationsmedium. Es ermöglicht dem Nutzer neue Möglichkeiten, Informationen zu beschaffen, ja sogar Nachfrage zu befriedigen und selbst Angebote zu platzieren. Im Gegensatz zu den Massenmedien Fernsehen und Radio kann der Nutzer ganz gezielt auf Informationen zugreifen. Darüber hinaus bietet sich dem Nutzer mit dem Internet eine preiswerte Möglichkeit, eigene Informationen weltweit zu verbreiten.

Unter dem Schlagwort Electronic Business (eBusiness) wird gegenwärtig versucht, die Informationsprozesse, die im Zusammenhang mit der Geschäftstätigkeit anfallen, zu digitalisieren. Damit wird beabsichtigt, die in den einzelnen Stufen der Wertschöpfungskette anfallenden Kosten drastisch zu senken und die Erreichbarkeit (24 Stunden am Tag, 7 Tage die Woche) deutlich zu erhöhen.

3.3.4 Neue Gestaltungsmöglichkeiten in der Ablauforganisation: Teleworking

Neue Informations- und Kommunikationstechnologien machen es möglich, klare ablauforganisatorische Regelungen ortsunabhängig zu gestalten. Ob die nächste Stufe eines Vorgangs in der Firma selbst, in einem anderen Unternehmen oder aber zu Hause beim Mitarbeiter erfolgt, ist in einigen Fällen, insbesondere bei Bürotätigkeiten, nicht mehr wichtig.

„Die Zukunft der Arbeit ist dezentral, flexibel in der Zeiteinteilung, bezahlt nach Leistung"[50], so das gleichlautende Credo moderner Arbeitnehmer und -geber. Das heißt: Der Arbeitsplatz befindet sich nicht mehr allein in der entfernten Firma, sondern er kann auch zu Hause im Wintergarten oder auf dem Balkon sein. Selbst Arbeiter aus der Produktion können die einzelnen Fertigungsstufen aus dem Wohnzimmersessel kontrollieren. Das ist Teleworking: Die Arbeit kommt zu den Menschen, nicht umgekehrt.

Bereits mehr als zwei Millionen Menschen arbeiten in Deutschland als ‚Telejobber', also ganz oder teilweise außerhalb des Unternehmens. Diese noch junge Arbeitsform hat nur wenig zu tun mit den schlecht bezahlten Heimarbeitsplätzen vergangener Zeiten, in denen Kugelschreiber oder Klebestifte zusammengeschraubt werden mussten. Moderne Informations- und Kommunikationsmittel unterstützen den nicht ortsgebundenen Austausch von Informationen und Arbeitsergebnissen.

IBM experimentierte als eines der ersten Unternehmen schon seit 1988 erfolgreich mit Telearbeit. Mittlerweile verbringen dort mehr als 30 Prozent aller Mitarbeiter mindestens die Hälfte ihrer Arbeitszeit zu Hause, unterwegs oder beim Kunden. Die meisten dieser Mitarbeiter arbeiten im Vertrieb oder im Technischen Außendienst. Aber das System funktioniert auch in Bereichen, die früher als klassische Team-Arbeit verstanden wurden: bei Mitarbeitern aus F&E (Forschung und Entwicklung), bei Designern und bei Mitarbeitern aus der Verwaltung. [51]
Die Vorteile für die Mitarbeiter liegen auf der Hand: Wer nur gelegentlich im Büro arbeitet und seine Arbeitszeit eigenverantwortlich einteilen kann, gewinnt mehr Raum für Privates. Dabei entfällt nicht nur die ein oder andere Fahrt ins Büro; bei schönem Wetter kann auch mal ein Frei-

---

[50] O.V., No Mobbing - Telejobbing, in: Eins, Magazin der Vereinte Krankenversicherung, Juli 2001, S. 24.

[51] Vgl. o.V., No Mobbing - Telejobbing, in: Eins, Magazin der Vereinte Krankenversicherung, Juli 2001, S. 24.

badbesuch dazwischen geschoben werden, während der verregnete Sonntagnachmittag durchaus für die Erledigung notwendiger Arbeiten herhalten kann.

Reine Telearbeit kommt vergleichsweise selten vor. Vielmehr arbeiten die Angestellten überwiegend abwechselnd zu Hause und in der Firma. Das persönliche Gespräch soll schließlich nicht zu kurz kommen. Gleichwohl haben diejenigen Unternehmen, die auf Teleworking setzen, ihr inneres Gesicht stark verändert. Der Mitarbeiter bei IBM verfügt nicht länger über seinen eigenen Schreibtisch, sondern er betreibt ‚Desk-Sharing'. Die Tage im Firmenbüro beginnen damit, dass der Mitarbeiter sich am Eingang der Firma mit einer Identifikationskarte zu erkennen gibt. Daraufhin wird ihm elektronisch ein freier Arbeitsplatz zugewiesen. Während er sich zu seinem Arbeitsplatz begibt, wird zwischenzeitlich der dort installierte Computer seinem Benutzerprofil angepasst; außerdem werden die Kommunikationseinrichtungen (Telefon, Fax) mit seinen Durchwahlen versehen.

Telearbeit muss selbstverständlich betriebswirtschaftlichen Erfordernissen genügen. Unternehmen versprechen sich hiervon neben sinkenden Büromieten auch eine größere Flexibilität bei wechselnden Auftragslagen. Ferner soll sich die Produktivität durch Telearbeit erhöhen. Ein interessanter Nebeneffekt: Zur Zeit gelten Unternehmen, die Telejobs anbieten, als moderne und attraktive Arbeitgeber. Dies könnte sich als entscheidender Vorteil im Wettbewerb um qualifizierte Mitarbeiter erweisen.

3.4   Grundlagen der Projektorganisation

Wenn Organisationseinheiten nicht auf unbegrenzte Dauer, sondern zur Erfüllung von zeitlich abgrenzbaren Aufgaben eingesetzt werden, spricht man von Projektorganisation. Projekte sind einmalige Vorhaben, die einen innovativen Charakter tragen. Mit Projekten verbindet sich im Allgemeinen ein höherer Grad der Unsicherheit bei der Aufgabenerledigung, als dies üblicherweise bei der Erfüllung von Daueraufgaben der Fall ist.

Ist der Innovationsgehalt der Projektaufgaben relativ gering und ihre Komplexität wenig ausgeprägt, kann das Projekt sowohl seitens der Projektleitung als auch seitens der Projektmitarbeiter ‚neben dem Tagesgeschäft' durchgeführt werden. Im Feld mittleren Innovationsgehaltes und mittlerer Komplexität wird man dazu tendieren, eine hauptamtliche Projektleitung zu installieren, Projektmitarbeiter jedoch eher nebenamtlich arbeiten zu lassen. Projekte mit hohem Innovationsgehalt und großer Komplexität werden in aller Regel von hauptamtlichen Kräften durchgeführt.

Strenge Organisationsformen eignen sich nur bedingt für die Abwicklung von einmaligen, zeitlich begrenzten, komplexen und innovativen Aufgaben. Da Projekte meist interdisziplinär besetzt sind, eignen sich solche Organisations- und Führungskonzepte am besten, die eher vom Gedanken der Ergänzung und Unterstützung als vom Gedanken einer strengen Aufgabenteilung getragen werden.

In der Wirtschaftspraxis haben Projekte ihren Ausgangspunkt in

- erkannten Problemen (vgl. das Reklamationsbeispiel zu Beginn dieses Kapitels),
- neuen Technologien (z.b. Teleworking, Einsatz eines Web-Shops im Rahmen von eBusiness) oder
- in besonderen wirtschaftlichen und rechtlichen Herausforderungen (Stichworte «Globalisierung», «Euro-Einführung», «Pflichtpfand»).

Anregungen aus den Fachbereichen oder Ideen der Geschäftsführung bilden häufig den konkreten Auslöser für Projekte. Bereits in der Ideenphase werden wesentliche Voraussetzungen für den späteren Projekterfolg gelegt.

Unabhängig vom Projekttyp lassen sich generell *folgende **Merkmale für ein Projekt*** herausstellen:
Ein Projekt stellt eine **umfassende Aufgabenstellung** mit **zeitlicher Befristung** dar: Es besitzt einen definierten Umfang, wobei zwischen definiertem Anfangs- und Endzeitpunkt ein relativ großer Abstand bestehen kann. Dies können mehrere Monate, aber auch mehrere Jahre sein.
Projektziel-System: Unabhängig vom zu erreichenden Hauptziel (etwa die Entwicklung eines Produktes) existiert eine Gruppe von Teil-Projektzielen. Dies können Umsatzziele, Kostenziele oder Qualitätsziele sein. Es empfiehlt sich, den Zusammenhang zwischen Hauptziel und Teilzielen zu reflektieren und gegebenenfalls zu dokumentieren.
Innovation: Bei einem Projekt handelt es sich um eine vergleichsweise neue Aufgabe (gewisser Einmaligkeitscharakter, keine Routineaufgabe). Damit verbunden ist stets auch ein Risiko hinsichtlich der Zielerreichung.
Projektbudget: Für die im Zusammenhang mit der Projektbearbeitung anfallenden Kosten und Investitionen wird ein Projektbudget aufgestellt. Dieser Kostenrahmen sollte möglichst nicht überschritten werden und führt gleichzeitig dazu, dass mit begrenzten Arbeitsmitteln gewirtschaftet werden muss.
Interdisziplinäre Zusammenarbeit: Aufgabenstellungen im Projekt werden im Regelfall fach- und bereichsübergreifend gelöst. Die Durchführung von Projekten erfordert vor diesem Hintergrund eine besondere, über die Sichtweise eines speziellen Tätigkeitsbereichs hinausgreifende Koordination. Hier wird einmal mehr deutlich, dass Projektarbeit typischerweise Teamarbeit ist.

3.4.1   Projektstruktur

Am Anfang eines Projektes steht die *Projektdefinition*. Mit Hilfe einer Projektdefinition wird das beabsichtigte Ziel festgehalten sowie eine Abgrenzung gegenüber Zielen und Aufgaben anderer Projekte sowie anderer Organisationsformen vorgenommen. Darüber hinaus wird festgehalten, wer am Projekt in welcher Weise beteiligt wird. Erfahrungen aus der Praxis zeigen mehr als deutlich: Eine wesentliche Voraussetzung für erfolgreiche Projekte ist es, dass zwischen Auftraggeber (beispielsweise der Unternehmensführung) und Auftragnehmer (dem Projektteam) klare Vereinbarungen über die Aufgaben und Kompetenzen getroffen werden. Diese Vereinbarungen sollten in Verbindung mit den Projektzielen schriftlich in einem so genannten *Projektauftrag* festgehalten werden. Der Projektauftrag stellt das Bindeglied zwischen Auftraggeber und Auftragnehmer dar; er dient als Legitimationsbasis für das weitere Vorgehen.

Als besonders vorteilhaft hat es sich erwiesen, Projekte mit einer systematischen Fortschrittskontrolle zu belegen. Die Vereinbarung fester Treffen (jour fix, z.B. einmal im Monat) erscheint sehr empfehlenswert. Die Projektleitung sowie ausgewählte Mitarbeiter des Projektteams berichten den Auftraggebern bzw. ihren Repräsentanten über den Stand des Projektes. Insbesondere Projektverzögerungen und Änderungen des Projektauftrages werden auf diese Weise frühzeitig sichtbar. Änderungen und Verzögerungen sollten schriftlich festgehalten werden. In der Praxis bezeichnet man diejenigen, die über den Projektfortschritt berichten lassen, auch als *Lenkungsausschuss*.

Die Formulierung des Projektauftrages gehört zu den elementaren Aufgaben des *Projektleiters*, wobei er selbstverständlich auf sein Projektteam zurückgreifen kann. Hier kann nicht gründlich genug vorgegangen werden. Auch wenn moderne Führungsformen in Projekten sehr hilfreich sind, hat es sich doch als nützlich erwiesen, eine Projektleitung zu installieren. Die Leitung ist erster Ansprechpartner nach außen (etwa in Richtung Auftraggeber) und sorgt dafür, dass alle erforderlichen Ressourcen genutzt und aufeinander abgestimmt (= koordiniert) werden. Diese Tätigkeit wird auch als Projektmanagement bezeichnet.

Projektmanagement sorgt dafür, dass die anfallenden Teilaufgaben überschaubar bleiben und Problemsituationen sich rechtzeitig erkennen lassen. Dadurch wird es auch den Mitarbeitern im Projekt weniger schwerfallen, zielorientiert zu handeln. Zunächst eine Definition:
Als Projektmanagement wird die Gesamtheit von Führungsaufgaben, Organisationstechniken und -mitteln für die Abwicklung eines Projekts verstanden (DIN 69901).
Projekte, die beendet werden, ohne dass der festgesetzte Zeitpunkt oder der Kostenrahmen überschritten wird, sind immer noch selten. Die

Gründe dieses Übels liegen meistens in dem mangelnden oder fehlenden Projektmanagement. Zum Projektmanagement gehört insbesondere eine klare Aufteilung des Projektes. Jedes Projekt - egal, ob es sich um ein Bauprojekt, ein Organisationsprojekt oder ein Softwareentwicklungsprojekt handelt - lässt sich in verschiedene Teilaktivitäten untergliedern. Gleichwohl sind die Zusammenhänge zwischen den Teilaktivitäten im Blick zu behalten. Für jede Teilaktivität wird überlegt, welche Ressourcen (Material, Personal, Maschinen) einzusetzen sind sowie welche Kosten anfallen werden. Den Abschluss einer Teilaktivität nennt man in der Praxis *Meilenstein* (= erreichtes Teilziel innerhalb eines Projektes).

Erst recht, wenn die anfallenden Projekte einen gewissen Umfang annehmen, empfiehlt sich eine vorherige detaillierte Planung sowie eine fortlaufende Überwachung und Steuerung des Projektes. Bloßes „Draufloswerkeln" hat nämlich erhebliche Gefahren und Nachteile zur Folge: Zeitverzögerungen, unnötige Kostensteigerungen sowie Leerlauf aufgrund fehlender Verfügbarkeit der notwendigen Personen und Maschinen.

Um diese Probleme zu vermeiden oder wenigstens zu reduzieren, wurden verschiedene Methoden zur Planung, Steuerung und Kontrolle von Projekten entwickelt. Die Netzplantechnik bildet in diesem Zusammenhang eine herausragende Rolle.

3.4.2 Netzplantechnik

Die Netzplantechnik (network analysis) ist 1957/58 erstmals vorgestellt worden. Sie gehört heute zu den in der Praxis bekanntesten Verfahren der Unternehmensforschung (operations research). Schon sehr früh war die Netzplantechnik auf Großrechnersystemen verfügbar, was die rasche Verbreitung beschleunigte. Mittlerweile existieren auch sehr leistungsfähige PC-basierte Systeme, zum Beispiel das von Microsoft angebotenen MS Project.

Die Netzplantechnik geht auf die Grafentheorie zurück. Alle Verfahren der Netzplantechnik greifen auf ein grafisches Modell (Netzplan) zurück, das die einzelnen Aktivitäten in ihrer logischen Zeitfolge übersichtlich und eindeutig darstellt. Dieser *Strukturanalyse* folgen Untersuchungen, die sich auf das Zeitgerüst des Projektes beziehen. Mit Hilfe der *Zeitplanung* ermittelt man beispielsweise den kritischen Pfad, der all diejenigen Aktivitäten angibt, deren Verzögerung auch zu einer Verzögerung der gesamten Projektlaufzeit führen würde. Aktivitäten, die nicht auf dem kritischen Pfad liegen, können in gewissen Grenzen (Pufferzeiten) verschoben werden. Die Netzplantechnik unterstützt das Projektmanage-

60

ment auch durch **Kapazitätsplanungen** (Maximierung der Kapazitäts-auslastung unter Berücksichtigung der Einhaltung von Belegungsvor-gaben) und **Kosten- und Gewinnplanungen** (Minimierung der Projekt-kosten bzw. Maximierung des Projektgewinns).

Die Netzplantechnik kommt zum Einsatz, wenn
• das Projekt einen hohen Wert darstellt,
• die Ablaufstrukturen von komplexer Natur sind und
• die Tätigkeitsfolgen einigermaßen abgrenzbar sind.

Entsprechend wird die Netzplantechnik beispielsweise zur Unterstützung größerer Bauvorhaben, im Großanlagenbau, bei der Planung und Durch-führung von Großveranstaltungen und bei Organisationsprojekten (Ein-führung von Datenverarbeitungssystemen) eingesetzt.

Allen Methoden der Netzplantechnik ist gemein, dass jede einzelne Aktivität mit Hilfe der folgenden Merkmale beschrieben wird:
• Bezeichnung der Aktivität,
• frühester Anfangstermin (FA),
• spätester Anfangstermin (SA),
• frühester Endtermin (FE),
• spätester Endtermin (SE) und
• Dauer der Aktivität.

Der späteste Anfangstermin (SA) sowie der früheste Endtermin (FE) lassen sich aus den übrigen 4 Angaben leicht berechnen.

Bezeichnung des Vorgangs:		Dauer des Vorgangs:	
Einrichtung der Baustelle		10 Tage / 2 Wochen	
FA	FE	SA	SE
Mo 01.07.2010	Mo 15.07.2010	Mo 08.07.2010	Fr 20.07.2010

Abbildung 17: Beispiel für die Darstellung einer Aktivität im Rahmen der Netzplantechnik[52]

Dabei funktioniert die Netzplantechnik nicht nur mit absoluten Größen. Um die obigen Werte über Anfangs- und Endtermine zu erhalten, reicht die Angabe über die Dauer der Aktivität sowie die Angabe, welche Aktivi-tät vor Beginn der betrachteten Aktivität abgeschlossen sein muss, aus. Diese Angabe kann selbstverständlich bei Aktivitäten, die keine Vorgän-ger haben, entfallen. Das ist mindestens eine, also die allererste Aktivität.

---

[52] In Anlehnung an: Schierenbeck, H., Grundzüge der Betriebswirtschaftslehre, 7. Auflage, München/Wien 1983, S. 146; beim frühesten Endtermin, der rechnerisch auf den 12.5. fällt, wurde der arbeitsfreie Feiertag am 1.5. (Maifeiertag) berücksichtigt.

Als absolute Größe wird dann der gewünschte Projekt-Endtermin oder der gewünschte Projekt-Anfangstermin eingetragen.

Die einzelnen Tätigkeiten werden, wie im unten dargestellten Beispiel, in eine Reihenfolge gebracht. Man sieht, dass sich einige Vorgänge parallelisieren lassen. Die Bestimmung der Reihenfolge erfolgt mit dem Ziel, die kürzest mögliche Gesamtdauer des Projektes festzustellen. Würde es die Möglichkeit der Parallelisierung von Aktivitäten nicht geben, müssten nur die Zeiten der einzelnen Aktivitäten aufaddiert werden, um die Gesamtzeit des Projektes zu bestimmen. Durch die Parallelisierung lässt sich die Projektlaufzeit jedoch verkürzen.

	Tätigkeit	Vorgänger	Dauer (in Wochen)
A	Planung und Projektierung des Bauvorhabens	–	3
B	Ausschreibung des Bauvorhabens	A	3
C	Genehmigung des Vorhabens	A	4
D	Einrichtung der Baustelle	B	2
E	Errichten der Bauarbeiterunterkünfte	B	4
F	Maurer- und Erdarbeiten	C	20
G	Konstruktion des Daches	D, E	3
H	Installationsarbeiten	D, E	5
I	Schreinerarbeiten	G	3
K	Maler-, Fußbodenverleger- und Verputzarbeiten	H	10
L	Abbau der Bauarbeiterunterkünfte und Erstellung der Außenanlagen	F, I, K	3

Der aus diesen Angaben erstellte Netzplan hat die in der Abb. wiedergegebene Struktur. Die Vorgänge A, C, F, L liegen auf dem kritischen Pfad. Die Gesamtdauer des Projekts beläuft sich auf 30 Wochen.

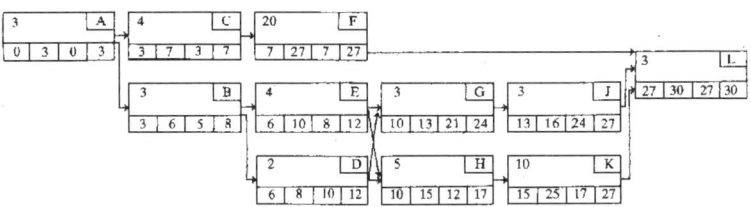

Abbildung 18: Beispiel für einen Netzplan eines Bauvorhabens[53]

Um die kürzeste Projektlaufzeit zu bestimmen, notiert man - entsprechend der Darstellung unten - in einer Zeichnung zunächst die letzte Aktivität. Sodann werden die oder der jeweilige(n) Vorgänger aufgezeichnet. Zu diesen werden wieder die jeweiligen Vorgänger aufgezeichnet und so weiter, bis alle Vorgänger notiert sind. Alternativ kann man auch mit der ersten Aktivität beginnen und jeweils die Nachfolger notieren. Nun sind die entstandenen parallelen Teilpfade miteinander zu vergleichen. Der

---

[53] Quelle: Schierenbeck, H., Grundzüge der Betriebswirtschaftslehre, 7. Auflage, München/ Wien 1983, S. 146.

62

längste Teilpfad stellt ein Element des so genannten ‚kritischen Pfades'
dar. Die Summe dieser Teilpfade sowie aller Teilpfade, die keine Parallelen aufweisen, ergibt die Mindestlaufzeit des Projektes. Auf dem kritischen
Pfad liegen also all diejenigen Vorgänge, die sich nicht verzögern dürfen,
wenn die Gesamt-Projektlaufzeit eingehalten werden soll. Der ‚kritische
Pfad' markiert damit die kürzest mögliche Gesamtlaufzeit des Projektes.

Leicht lässt sich nachvollziehen, dass in einen Netzplan nicht nur Zeiten,
sondern auch Kosten und verfügbare Ressourcen (Menschen, Maschinen) eingetragen werden können. Sollen derartige Größen mit in die
Optimierung einbezogen werden, ist die „händische" Berechnung von
Optimalität praktisch nicht mehr möglich. Mit Hilfe von Computerpro-
grammen stellt dies heute aber kein Problem mehr dar.

Zur besseren Übersicht eignen sich so genannte Balkendiagramme
(Gantt-Diagramme). Das auf der Grundlage der Netzplantechnik ent-
wickelte und mit Hilfe der Software MS Project (Fa. Microsoft) erstellte
Balkendiagramm zum behandelten Beispiel ist in der nachfolgenden
Abbildung dargestellt:

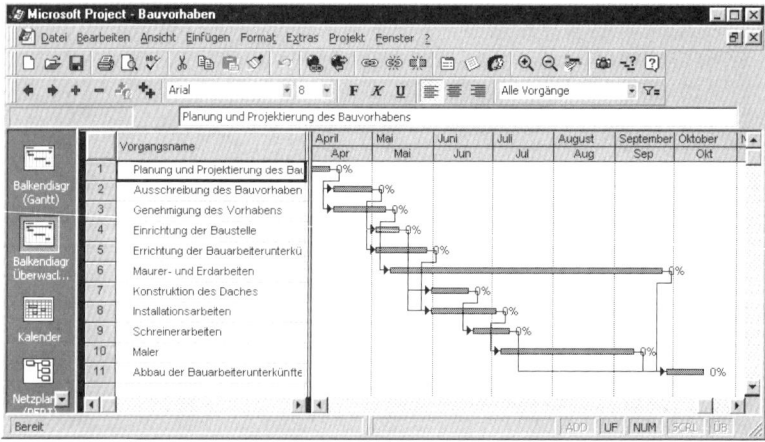

Abbildung 19: Balkendiagramm im Rahmen der Projektorganisation

„Der Aufwand, den ein derartig systematisches Projektmanagement ver-
ursacht, ist zwar nicht gering, zahlt sich häufig aber schnell aus. Dazu
eine kleine Beispielrechnung: Untersuchungen zeigen, dass die Kosten
für die Planung von Projekten durchschnittlich ca. 2% der gesamten Pro-
jektkosten ausmachen.
Andererseits zeigen Erfahrungswerte, dass durch genaue Projektplanung
ca. 22% Zeitersparnis und 15% Kostenersparnis erreichbar sind. Diese

Werte können natürlich nur eine grobe Abschätzung liefern und sind in der Praxis von Projekt zu Projekt sehr unterschiedlich. Dennoch: Sie zeigen, dass Projektplanung aus betriebswirtschaftlicher Sicht sehr vorteilhaft sein kann."[54]

---

[54] Tiemeyer, Ernst, MS-Projekt, Projekte erfolgreich planen und managen, Hamburg 1999, S. 14 – 16.

64

4 Praktische Organisationsgestaltung

Organisation ist kein Selbstzweck. Vielmehr betreiben Unternehmen Organisation mit dem Ziel, die Arbeit effizient und effektiv[55] (also produktiv) zu bewältigen. Das wesentliche Ziel der Organisation (als Funktion) besteht mithin darin, die Produktivität zu steigern. Produktivität lässt sich messen, indem der Output ins Verhältnis zum Input gesetzt wird.

Beispiel: Nehmen wir an, fünf Mitarbeiter produzieren mit Hilfe diverser Maschinen in einer Stunde gemeinsam 1.000 Mengeneinheiten eines Erzeugnisses. Durch Veränderung der Produktionstechnik gelingt es ihnen, die Mengenausbringung pro Stunde auf 1.200 zu erhöhen. In diesem Fall können wir eine Produktionssteigerung von 1.200 / 1.000 = 1,2 also auf 120% feststellen. Wird die Ausgangslage mit dem Wert 1 indiziert (Produktivitätsindex = 1,0), ergibt sich ein neuer Produktivitätsindex in Höhe von 1,2. In der Alltagssprache ist auch davon die Rede, dass die Produktivität um den Faktor 1,2 gesteigert werden konnte.

Die Produktivität lässt sich zwar nicht grenzenlos steigern. Es ist aber erstaunlich, welche Möglichkeiten selbst gut entwickelte Produktionsverfahren häufig noch bereithalten. Mit dem ursprünglich aus Japan stammenden Konzept ‚Kaizen' wird auch in vielen europäischen und amerikanischen Unternehmen versucht, mit den Mitarbeitern gemeinsam die Produktivität zu erhöhen. In Deutschland ist dieser Ansatz mit dem ‚Betrieblichen Vorschlagswesen' auch schon vor Kaizen unterstützt worden. Der wesentliche Unterschied beider Konzepte besteht darin, dass Kaizen die gemeinsame Entwicklung neuer Verfahren betont, während mit dem betrieblichen Vorschlagswesen eher die individuelle Erfindergabe des einzelnen Mitarbeiters belohnt wird.[56]

Produktivitätssteigerungen lassen sich nicht allein durch Verbesserung der Produktionstechnik (= Rationalisierung) erreichen. Auch Qualifizierungsmaßnahmen (Training, Weiterbildung) und die Erfahrung der Mitarbeiter können dazu beitragen, die Produktivität zu erhöhen.
Zur Steigerung der Produktivität setzen Unternehmen im besonderen Maße auf Spezialisierungseffekte. Auf der einen Seite lassen sich die

---

[55] Effizienz bedeutet, die Dinge „richtig" zu tun, während Effektivität bedeutet, „die richtigen Dinge" zu tun. Der Begriff Effizienz ist im Zusammenhang mit der Beschreibung einer Tätigkeit gebräuchlich („effizient arbeiten"), während der Begriff Effektivität eher als Beschreibung für ein Eigenschaft eines Subjektes dient („effektiv sein"). Ralf Berning von der Fachhochschule Bochum: „Ein Produkt, das am Markt keine Nachfrager findet, kann noch so effizient produziert werden, effektiv ist die Produktion deshalb trotzdem nicht. Umgekehrt kann die Marktführerschaft bei einem Produkt z.B. auf Grund eines Patents so stark sein, dass keine Notwendigkeit zu effizienter Produktion gesehen wird." in: Berning, Ralf, Grundlagen der Produktion, Berlin 2001, S. 8.

[56] Vgl. dazu auch Abschnitt 4.3. dieser Arbeit, wo die beiden Konzepte ausführlich beleuchtet werden.

Mitarbeiter auf diese Weise ihren Fähig- und Fertigkeiten entsprechend einsetzen. Andererseits kann man in einem abgegrenzten Aufgabengebiet wesentlich bessere Resultate erzielen. So erreicht der Zehnkämpfer in den einzelnen Disziplinen niemals diejenigen Resultate, die die Besten in den jeweiligen Einzeldispizplinen erreichen. Außerdem lassen sich abgegrenzte Aufgabengebiete wesentlich schneller erlernen. Damit überzeugt bereits Frederic W. Taylor, der feststellte, dass die Spezialisierung dazu führe, dass auch weniger qualifizierte Arbeiter eingestellt werden können.

Die Organisationsstruktur eines Unternehmens ist das Ergebnis bewusster und unbewusster Gestaltungsvorgänge. Die bewusste Gestaltung der Organisation berührt mindestens folgende Fragen, die anhand des Reklamationsbeispiels (vgl. Abschn. 3.1) näher erläutert werden:

a) Welche Ziele werden mit der organisatorischen Gestaltung verfolgt?

Ausgangspunkt der einheitlichen Reklamationsabwicklung war die Unzufriedenheit der Kunden mit den verschiedenen Verfahren; diese Unzufriedenheit sollte in erster Linie beseitigt werden. Darüber hinaus sollte ein möglichst effektives Verfahren entwickelt werden (= Prozessoptimierung[57]). Durch die Vereinheitlichung des Verfahrens sollten Synergieeffekte (Auswahl des besten Verfahrens mit der Option weiterer Verbesserungsmöglichkeiten; Druck *eines* Formblattes; Betreiben *einer* Reklamationsstatistik) entstehen; das Verfahren sollte auch dazu beitragen, die Reklamationen der Werke miteinander zu vergleichen, um hieraus Verbesserungen für alle Werke abzuleiten.

b) Welche Informationen stehen zur Verfügung?

Kann man auf vorhandenes Material z.B. in Form dokumentierter Abläufe zurückgreifen (Sekundärmaterial), oder müssen neue Untersuchungen angestellt werden (Primärmaterial)? In drei Werken standen Prozessbeschreibungen zur Verfügung, die den Aufenthalt des Assistenten im Werk verkürzten. Wie weit darf die Informationsbeschaffung gehen? Gibt es Tabuzonen seitens der Arbeitnehmer (z.B. Datenschutz: Messung von Einzelleistungen) oder seitens der Geschäftsführung (z.B. Transparenz von vorhandenen Leistungsdaten)?

---

[57] Der Begriff ‚Prozessoptimierung' hat in der Literatur eine weite Verbreitung gefunden, obwohl er falsch ist: Prozesse sind niemals optimal im Sinne von perfekt, weil sie sich, dem Evolutionsgedanken folgend, ständig verbessern lassen. Vgl. dazu auch Siebenbrock, H., Managementwerkzeuge zur Verbesserung von Geschäftsprozessen, in: Distribution und Handel in Theorie und Praxis, Festschrift für D. Ahlert, Hrsg.: H. Schröder u.a., Wiesbaden 2009, S. 243 – 262, hier S. 245.

66

c) Welche Rahmenbedingungen müssen beachtet werden?

Der Vorstand hatte von vornherein klargestellt, dass eine zentrale Reklamationsabteilung für alle Werke nicht in Frage kommt, damit in den betroffenen Werken die erkannten Fehler unmittelbar abgestellt werden können. Auch ein zeitlicher Rahmen, in dem die Organisationsgestaltung abzuschließen ist, gehört zu den möglichen Rahmenbedingungen.

d) Wie wirkt sich die Organisationsgestaltung auf das Verhalten der Organisationsmitglieder aus?

Organisationsgestaltung in Form von Anweisungen wird regelmäßig mit dem Problem des Widerstandes konfrontiert. Der Grundsatz, Betroffene zu Beteiligten zu machen, erhöht in vielen Fällen die Umsetzungsgeschwindigkeit vereinbarter Lösungen. Der Vorstand hat seinem Assistenten diesen Zusammenhang im Reklamationsbeispiel eindrucksvoll erläutert, wobei er Zeitverzögerungen und zusätzliche Kosten in Kauf nahm.

4.1 Das klassische Analyse-Synthese-Konzept

Erich Kosiol empfiehlt, die Aufgabe in den Mittelpunkt der Organisationsgestaltung zu stellen. Eine Aufgabe ist in diesem Zusammenhang als „Aufforderung zum wiederholten Handeln"[58] zu verstehen. Im Englischen entspricht sie weitgehend dem Ausdruck ‚task'.[59] Die Aufgabe eines Unternehmens besteht aus dem weiter oben behandelten Sachziel (vgl. Kap. 2). Verfügt das Unternehmen bereits über eine Aufbauorganisation, lässt sich eine Aufgabe auch für die jeweiligen Organisationsteile, etwa für eine Abteilung oder für ein Team bestimmen. Die Abteilung „Vertrieb" stellt sich beispielsweise der Aufgabe, die Produkte oder Dienstleistungen eines Unternehmens zu verkaufen.

Nachdem die Aufgabe präzisiert ist, wird sie in Teilaufgaben zerlegt. Diesen Schritt nennt man Aufgabenanalyse. Die Aufgabensynthese schließt sich nun an: Die entstandenen Teilaufgaben werden nunmehr Personen oder gedachten Aufgabenträgern (= Stellen) zugeordnet. Daraufhin werden Personen oder Stellen, welche die kleinste Organisationseinheit darstellen, zu Organisationsgebilden höherer Ordnung, etwa zu einem Team und später zu einer Abteilung, zusammengefasst. Dieser Zusammenhang ist in der nachfolgenden Abbildung dargestellt:

---

[58] Bleicher, K., Organisation, Strategien – Strukturen – Kulturen, 2. Aufl., Wiesbaden 1991, S. 35

[59] Vgl. Schulte-Zurhausen, M., Organisation, 3. Aufl., München 2002, S. 39

67

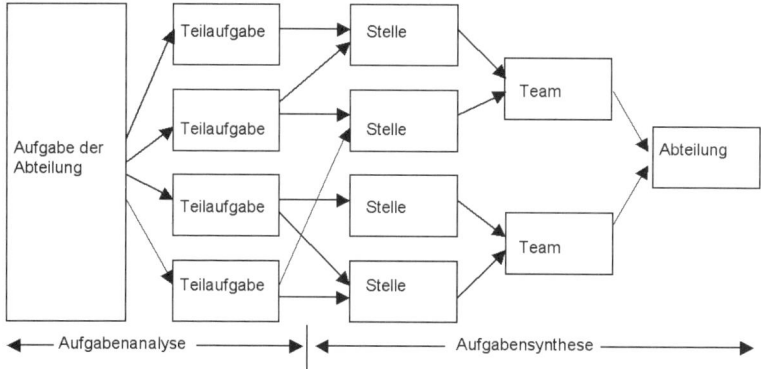

Abbildung 20: Grundriss der Gestaltungslehre nach Kosiol [60]

4.1.1   Die Aufgabenanalyse

Nach dem auf Kosiol zurückgehenden, klassischen Analyse-Synthese-Konzept[61] nimmt jegliche organisatorische Tätigkeit ihren Ausgangspunkt in der Analyse der Aufgabe. Die Aufgabe wird demgemäß in ihre elementaren Bestandteile zerlegt, damit eine vollständige und systematische Übersicht über den zu organisierenden Tatbestand vorliegt. Dazu ist es erforderlich, die organisatorisch relevanten Elemente

- Menschen,
- Sachmittel und
- Informationen

zu erfassen und ihre zueinander und miteinander bestehende Vernetzung zu bestimmen.

---

[60]   In Anlehnung an: Schreyögg, G., Organisation, Grundlagen moderner Organisationsgestaltung, 3. Aufl., Wiesbaden 1999, S. 127.

[61]   Vgl. Kosiol, E., Organisation der Unternehmung, 2. Aufl., Wiesbaden 1976 (zuerst 1962).

68

Eine Aufgabe lässt sich mit Hilfe folgender Merkmale charakterisieren[62]:
(1) Zur Erfüllung einer Aufgabe bedarf es einer Tätigkeit (= **Verrichtung, Funktion**).
(2) Eine Aufgabe bezieht sich auf einen Gegenstand (= **Objekt**), an dem die Verrichtung vollzogen wird.
(3) **Aufgabenträger** sorgen dafür, dass eine Aufgabe erfüllt wird.
(4) Zur Erfüllung einer Aufgabe werden **Sachmittel** eingesetzt.
(5) Aufgaben werden an irgend einem Ort erfüllt (**Ortsbezug**).
(6) Aufgaben besitzen einen Anfangs- und einen Endzeitpunkt, folglich eine Dauer sowie eine Angabe darüber, ob und wie oft die Aufgabe wiederholt wird (**Zeitbezug**).

Die Merkmale **Verrichtung** und **Objekt** haben für den Organisator insofern einen besonderen Stellenwert, als diese beiden Merkmale besonders gut und eben auch häufig als Kriterien zur weiteren Zergliederung von Aufgaben genutzt werden können. Weitere Kriterien zur Zerteilung von Aufgaben stellen die *Phase*, die *Zweckbeziehung* und der *Rang* als spezielle Varianten des Kriteriums Verrichtung dar.

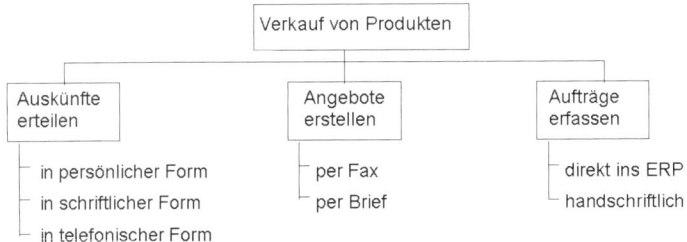

Abbildung 21: Aufgabenanalyse nach Verrichtungen

Die vorstehende Abbildung zeigt die Aufgabenanalyse nach dem Kriterium der **Verrichtung**, wobei eine Tätigkeit in weitere Teiltätigkeiten zerlegt wird. Eine Variante der verrichtungsorientierten Analyse setzt nicht an der Verrichtung, sondern an den Aufgabenträgern, etwa einer Stelle oder einer Person, einem Team oder einer Abteilung an. ‚Was tut eigentlich die Abteilung XY genau?‘ könnte eine Ausgangsfrage eines größeren Reorganisationsprojektes sein.

Eine Aufgabenanalyse nach dem Kriterium des **Objekt**es liegt vor, wenn eine Teiltätigkeit dahingehend untersucht wird, an welchen Objekten diese Teiltätigkeit vollzogen wird:

---

[62] Vgl. Wittlage, H., Unternehmensorganisation, 6. Aufl., Herne/Berlin 1998, S. 36.

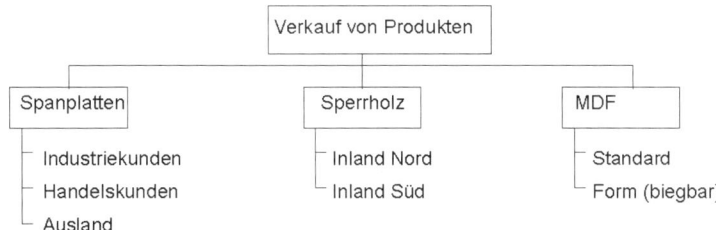

Abbildung 22: Aufgabenanalyse nach Objekten

Auch in diesem Fall ist eine Variation unter Einbeziehung der Aufgabenträger denkbar: Die moderne Prozessanalyse fragt zum Beispiel zunächst: ‚Wer genau befasst sich eigentlich mit welchen Absatzgütern?‘,
um dann in einem zweiten Schritt zu fragen: ‚Und was genau tun diese
Menschen?‘ (= Frage nach den Verrichtungen).

Selbstverständlich muss die Aufgabenanalyse nicht allein nach *einem*
Kriterium vorgenommen werden. Hier ein Beispiel für einen *Mischtypen*:

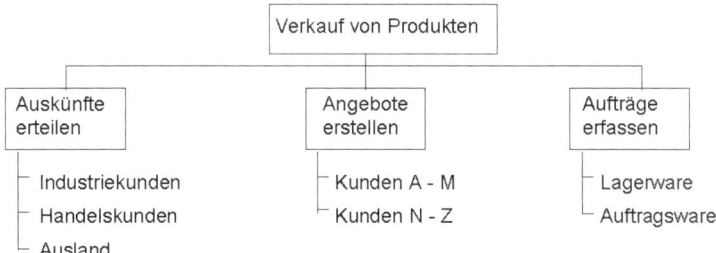

Abbildung 23: Aufgabenanalyse nach Verrichtungen und Objekten

Vielfach wird das Zeichnen von Organigrammen (Organisationsplänen)
als organisatorische Tätigkeit schlechthin verstanden. Genau genommen
ist dies aber keine objektbezogene, sondern eine verrichtungsbezogene
Aufgabenanalyse, die den Aufgabenträger (- der allerdings ein Objekt
darstellt! -) in den Mittelpunkt rückt. An diesem Beispiel wird auch einmal
mehr deutlich, dass es eine enge Verbundenheit zwischen der Aufbau-
und der Ablauforganisation gibt.

Die Aufgabenanalyse nach dem Kriterium der *Zweckbeziehung* stellt die
Unterscheidung in den Mittelpunkt, ob es sich um Aufgabenteile handelt,
die unmittelbar oder nur mittelbar mit der Leistungserstellung in Verbindung stehen. Genau genommen ist dies ein Spezialfall der Aufgaben-

analyse nach dem Kriterium der Verrichtung. Über dieses Kriterium ließen sich beispielsweise Verwaltungsaufgaben von den operativen Aufgaben Beschaffung, Fertigung und Absatz unterscheiden. Die Unterscheidung der operativen Aufgaben selbst kann man auch als Aufgabenanalyse nach dem Kriterium der *Phase* bezeichnen.

Die Aufgabenanalyse nach dem Kriterium *Rang* ist ebenfalls eine Variante der verrichtungsorientierten Aufgabenanalyse. Mit ihr wird im Sinne eines bedeutenden Altmeisters der Betriebswirtschaftslehre, namentlich Erich Gutenbergs, auf den die Unterscheidung zwischen elementare und dispositive Produktionsfaktoren zurückgeht[63], unterschieden, ob es sich bei den Tätigkeiten um Entscheidungs- oder Ausführungsfunktionen handelt.

Vollständigkeitshalber sei noch erwähnt, dass die Aufgabensynthese auch mehrstufig erfolgen kann, indem Teilaufgaben weiter untergliedert werden. Wird das klassische Verfahren der Aufgabenanalyse stufenweise durchgeführt, entsteht mit jeder Gliederungsstufe eine immer feinere Beschreibung der ursprünglichen Gesamtaufgabe. Dabei ist bei jeglicher Aufgabenzerlegung zu entscheiden, welches Gliederungskriterium (Verrichtung, Objekt, Rang, Phase oder Zweck) zum Tragen kommen soll.[64]

4.1.2   Die Aufgabensynthese

Mit Hilfe der Aufgabensynthese werden die aus der Aufgabenanalyse abgeleiteten Teilaufgaben so zusammengefasst, dass sie durch Aufgabenträger (Personen oder Stellen) erfüllt werden können. In einem nächsten Schritt können diese Aufgabenträger zu Organisationseinheiten (Teams, Abteilungen) gebündelt werden.

Die Aufgabensynthese kann sich an den Aufgaben selbst ('ad rem'), an den humanen ('ad personam') oder an den technischen ('ad instrumentum') Elementen ausrichten. Aufgaben werden zu Stellen und in weiterer Folge zu Kooperationseinheiten (Teams, Abteilungen, Sparten) gebündelt.

Dabei bilden die Aufgaben selbst, daneben aber insbesondere die Aufgabenträger und die technischen Hilfsmittel die Organisationselemente:

- *Aufgaben* enthalten die Aufforderung, Zustands- oder Lageveränderungen von Objekten durch Verrichtungen vorzunehmen.

---

[63]   Vgl. Gutenberg, E., Einführung in die Betriebswirtschaftslehre, Wiesbaden 1958. Dass die Unterscheidung zwischen dispositiven und elementaren Produktionsfaktoren heute nicht mehr zeitgemäß ist, wird in Kap. 2 begründet.

[64]   Vgl. Schulte-Zurhausen, M., Organisation, 3. Aufl., München 2002,, S. 39

- Aufgaben werden durch **Aufgabenträger** erfüllt.
- Zur Erfüllung der Aufgaben bedienen sich Aufgabenträger in aller Regel **technischer Hilfsmittel**.

Mit Hilfe von **Stellen** werden versachlichte Aufgabenkomplexe beschrieben, die durch die Zusammenfassung von Teilaufgaben und die Zuordnung zu einem *gedachten* Aufgabenträger entstehen. Man spricht von einer Singularstelle, wenn es sich um einen gedachten Aufgabenträger handelt. Hingegen bezeichnet man den Aufgabenkomplex als Pluralstelle, wenn er nicht sinnvoll weiter aufgeteilt werden kann, seine Erfüllung aber die Arbeitskraft einer Person übersteigt.

In aller Regel geht die Stellenbildung von einem gedachten Aufgabenträger mit üblichen Fähigkeiten und Eigenschaften aus. Natürlich orientiert sie sich an bestimmten Berufsbildern (z. B. Schreiner, Sekretärin oder kaufmännischer Angestellter), nicht aber an einer konkreten Person. Die Ausnahme von dieser Regel bildet der Fall, bei der die Stelle genau den Fähigkeiten und Interessen einer konkreten Person angepasst wird. In diesem Zusammenhang spricht man von einer aufgabenträgerorientierten Stellenbildung.

Als Kriterien, nach denen Teilaufgaben zu Aufgabenkomplexen zusammengefasst werden können, kommen wiederum die Tätigkeit (Verrichtung) und das Objekt sowie die speziellen Varianten der Verrichtung, Phase und Zweckbeziehung, in Frage. Außerdem können auch die Kriterien Raum und Zeit in Betracht gezogen werden.

Eine Aufgabensynthese nach dem Kriterium ‚Raum' liegt vor, wenn sachlich nicht zusammenhängende Aufgaben nur deshalb zusammengefasst werden, weil sie im selben Raum oder Gebäude stattfinden. Eine Hausmeister-Stelle mag als Beispiel dienen. Bei der Aufgabensynthese nach dem Kriterium Zeit werden alle Aufgaben zusammengefasst, die in einer bestimmten Zeitspanne erledigt werden müssen. In diesem Zusammenhang kann eine Nachtwächter-Stelle als Beispiel genannt werden.

Auf die Stellenbildung folgt die Zusammenfassung der Stellen zu größeren Kooperationseinheiten (Teams, Abteilungen, Hauptabteilungen). Die diesen größeren organisatorischen Einheiten vorstehende Leitungsstellen (Teamleiter, Abteilungsleiter) bezeichnet man als Instanz. Instanzen verfügen im Gegensatz zu ihnen unterstellten Stellen über Weisungsrechte, die sich auf genau diese Stellen beziehen. In mehrstufigen Hierarchien kann die untergeordnete Stelle selbst wieder als Instanz wirken, wenn ihr weitere Mitarbeiter zugeordnet sind. Weniger von Bedeutung ist in diesem Zusammenhang die Unterscheidung in früheren Betriebswirtschaftslehrbüchern, wonach Instanzen planerische Aufgaben und Entscheidungsaufgaben, den unterstellten Stellen jedoch Ausführungstätig-

72

keiten zugeschrieben wurden.[65] Vielmehr ist es häufig anzutreffen, dass Instanzen aufgrund ihrer fachlichen Qualifikation neben ihrer Führungsfunktion auch Sachtätigkeiten ausführen, während Mitarbeiter zunehmend in Entscheidungen und Planungen einbezogen werden.

4.1.2.1 Die Bildung von Stellen und Kooperationseinheiten um Aufgaben

Die Bildung von Stellen und Kooperationen um Aufgaben wird auch **als *Organisation ,ad rem*[66]** bezeichnet. Bei der Bildung von Kooperationseinheiten um Aufgaben unterscheiden wir zwischen guter und schlechter Strukturierbarkeit.

(1.) Im Falle der guten Strukturierbarkeit kann man sich bei der Zusammenfassung der Teilaufgaben von der *Zentralisation nach der Verrichtung* leiten lassen. Dabei werden die durch gleichartige Verrichtungen gekennzeichneten Teilaufgaben zu Aufgabenkomplexen gebündelt. Wenn sich diese gleichartigen Verrichtungen auf unterschiedliche Objekte beziehen, so ist damit zugleich eine Objektdezentralisation verbunden. Als Beispiel für den Fertigungsbereich ist das Werkstattprinzip zu nennen. Hier werden Gruppen mit gleichartigen Verrichtungen gebildet (z.B. Fräsen in der Fräserei, Drehen in der Dreherei, Lackieren in der Lackieranlage und so weiter). Auch im Verwaltungsbereich ist die Zentralisierung von Verrichtungen denkbar (Schreibarbeiten in einem zentralen Schreibbüro, Rechnungsprüfung in einem Teilbereich der Einkaufsabteilung und so weiter). Bei der Zentralisation von Verrichtungen geben in aller Regel die einzusetzenden Sachmittel den Ausschlag für diese Art von Aufgabensynthese. Der Einsatz teurer Sachmittel mit einem engen Einsatzbereich (Spezialisierung) fördert bzw. erfordert die Zentralisation von Verrichtungen.
In der nachfolgenden Abbildung ist eine verrichtungsorientierte Zentralisation auf der obersten Unternehmensebene dargestellt:

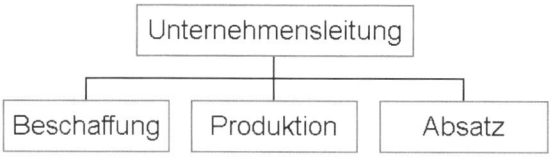

Abbildung 24: Aufgabensynthese nach dem Verrichtungsmodell auf der obersten Hierarchiestufe

---

[65] Vgl. Ahlert, D., Franz, K.-P., Kaefer, W., Grundlagen und Grundbegriffe der Betriebswirtschaftslehre, 5. Aufl., Düsseldorf 1990, S. 122.
[66] ,Res' lateinisch für Sache.

73

(2.) Ferner kann man sich im Falle der guten Strukturierbarkeit bei der Zusammenfassung der Teilaufgaben von der *Zentralisation nach Objekten* leiten lassen. Dabei werden ungleiche Verrichtungen an einem Objekt zu einem Aufgabenkomplex zusammengefasst. Dieses Prinzip macht natürlich nur Sinn, wenn mehrere, von ihrer Art her differenzierbare Objekte zur Verfügung stehen.

Die Zentralisation nach Objekten erscheint sinnvoll, wenn der Arbeitsprozess eine Zerlegung in verschiedene Verrichtungen nicht zulässt. Auch wenn der getrennte Vollzug bzw. diese Zerlegung im Vergleich zur Verrichtungszentralisation zu Kostensteigerungen führt, sollte diese Form der Aufgabensynthese in Betracht gezogen werden.

„Der Arbeitsprozeß selbst tendiert zu einer Objektzentralisation (vgl. die im Verwaltungsbereich bestehende Tendenz zur ganzheitlichen Aufgabenerfüllung).“[67] Diesem Umstand ist es zu verdanken, dass die Verrichtungszentralisation erst mit Aufkommen der Manufakturen im 18. Jahrhundert beobachtet und erst Anfang des 20. Jahrhunderts (Frederic W. Taylor) wissenschaftlich untersucht wurde.

Die Objektzentralisation ist zugleich mit einer Verrichtungsdezentralisation verbunden. Als Beispiel ist ein Team zu nennen, das, mit unterschiedlichen Fachkräften ausgestattet, ein Produkt gemeinsam erstellt. Die Aufgabensynthese bei der Volkswagen AG etwa, in der die Produktionsstraßen nach Fahrzeugtypen aufgebaut werden, stellt eine objekbezogene Zentralisierung dar, wenngleich auf der nächsten Ebene innerhalb einer Produktionsstraße die verrichtungsbezogene Zentralisation vorherrscht (Einbau des Motors, Anbringen der Räder und so weiter). Auch im Vertriebsbereich wird die Zentralisation nach Objekten praktiziert, etwa wenn unterschiedliche Teams jeweils unterscheidbare Kundengruppen (Fachhändler, Industriekunden, Endver- und gebraucher und so weiter) bedienen. Das nachfolgende Beispiel zeigt eine objektbezogene Zentralisierung auf der obersten Unternehmensebene.

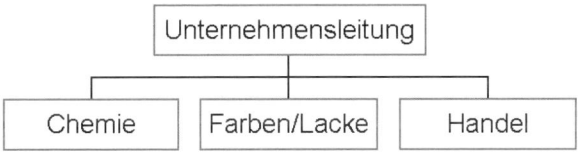

Abbildung 25: Aufgabensynthese nach dem Objektmodell auf der obersten Hierarchiestufe

---

[67] Wittlage, H., Unternehmensorganisation, 6. Aufl., Herne/Berlin 1998, S. 72 f..

74

Das so genannte Regionalmodell stellt einen Spezialfall der objekt-orientierten Zentralisierung dar. Mit der nachfolgenden Darstellung sei diese spezielle Form der objektbezogenen Aufgabensynthese illustriert:

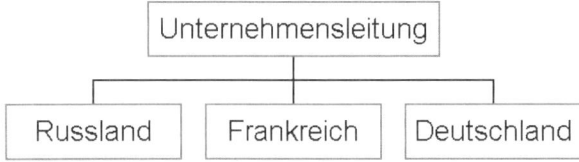

Abbildung 26: Aufgabensynthese nach dem Objektmodell (Spezialfall: Regionalmodell) auf der obersten Hierarchiestufe

(3.) Sowohl bei der Verrichtungs- als auch bei der Objektzentralisation wird in der Praxis häufig eine Differenzierung insofern vorgenommen, als dass die abgegrenzten Verrichtungen oder Objekte einer unternehmens-politischen Wertung und/oder speziellen Qualifikationserfordernissen unterliegen. *Eine differenzierte Verrichtungszentralisation* liegt bei-spielsweise vor, wenn wir innovative von weniger innovativen (bzw. auch repetitiven) Verrichtungen trennen. In einer Werkstatt könnte man auf die Idee kommen, die Arbeit an computergesteuerten Maschinen anderen, qualifizierteren Mitarbeitern vorzubehalten, als die Arbeit an konven-tionellen Maschinen. Eine **differenzierte Objektzentralisation** liegt vor, wenn z.B. das Stammkundengeschäft vom (schwierigen) Neukunden-geschäft getrennt wird.

(4.) Schließlich sei aber auch darauf hingewiesen, dass in der Praxis sehr häufig die Notwendigkeit besteht, Kooperationseinheiten zu bilden, deren Aufgaben nur schlecht zu strukturieren sind. „In vielen praktischen Organisationssituationen sind die Abläufe keineswegs so überschaubar und organisierbar, wie dies bislang unterstellt wurde. Hier kann es zweckmäßig sein, humane und technische Ressourcen, die jeweils wechselseitig einsetzbar sind, derart in einer Kooperationseinheit zusammenzufassen, dass diese in weitgehend modularer Form unter-schiedliche Aufgaben mit wechselndem Leistungsbild erfüllen. (...) Die Gestaltung der Verteilungsbeziehungen, welche die Gestaltung der im Einzelfall geregelten Arbeitsbeziehungen überdauert, folgt dann einem ‚Ressourcen-Zusammenhang', der sich in der besonderen Sachkenntnis über Verrichtungen und Objekte ausdrücken kann."[68] In diesem Zusam-menhang kann der PC-Support einer mittleren Unternehmung als Beispiel gelten. Die Aufgaben können von der Aufstellung/Beschaffung neuer PCs (= Personal Computer) über den First- bzw. Second-Level-Support bis hin zu Schulungsmaßnahmen reichen. Aufgrund der äußerst raschen Pro-

---

[68] Bleicher, K., Organisation, Strategien – Strukturen – Kulturen, 2. Aufl., Wiesbaden 1991, S. 106.

duktänderungen bzw. Produktverbesserungen und Produktergänzungen haben wir es hier mit einem schlecht strukturierbaren Arbeitsfeld zu tun. Die Auftragsbearbeitung richtet sich zumeist nach dem Prinzip ‚first in, first out'. Es kommt aber auch zu Differenzierungen über Notfallregeln oder Prioritätensetzung durch ein inneres oder äußeres Management.

(5.) Von besonderer Bedeutung für eine praxisorientierte Gestaltung von Kooperationseinheiten sind auch folgende Überlegungen:
„Schaffung eindeutiger Nahtstellen der Verantwortung: Die Bildung von Kooperationseinheiten soll so erfolgen, dass sich präzise Abgrenzungen zwischen den Verantwortlichkeiten verschiedener Stellen ergeben. Liegen beispielsweise geschlossene Aufgabengebiete vor, ohne dass eine selbstständige Abteilung zu ihrer Erfüllung gerechtfertigt erscheint, empfiehlt sich die Eingliederung dieses Aufgabengebietes in die Output-aufnehmende Kooperationseinheit."[69] Beispiel: Logistik als Teil der Organisationseinheit Produktion.
„Trennung zur Wahrnehmung der Gegenkontrolle: Die Trennung an sich gleichartiger bzw. zusammenhängender Aufgabengebiete kann geboten sein, wenn aus Kontrollnotwendigkeiten (z. B. bei Verfügung über Vermögensgüter) oder divergenten Interessenorientierungen (z. B. Entscheidungen über interne Forschungs- und Entwicklungsaktivitäten aus der Sicht des Produktions- bzw. Absatzbereichs) eine Verrichtungs- oder Objektzentralisation von Aufgaben in reiner Form ausscheidet."[70]

4.1.2.2 Die Bildung von Stellen und Kooperationseinheiten um Personen und Sachmittel

Die Logik der Aufgabengliederung ist nicht immer ausschlaggebend für die Bildung von Stellen und Kooperationseinheiten. Vielmehr kann sie sich auch an der Besonderheit von Personen und Sachmitteln orientieren. Im Zusammenhang mit der verrichtungsorientierten Zentralisation wurde bereits deutlich, dass teure Sachmittel mit einem engen Einsatzbereich die verrichtungsorientierte Zentralisation notwendig erscheinen lassen. Das (häufig unumgängliche) Eingehen auf die Eigenschaften einzelner Sachmittel (= *Organisation ‚ad instrumentum'*[71]) schafft die Voraussetzungen, die arbeitstechnischen Möglichkeiten wirtschaftlich voll nutzen zu können. Insbesondere aus dem Fertigungsbereich sind Anpassungszwänge an die technischen Gegebenheiten von Produktionsanlagen bekannt. Aber auch technische Systeme der Informationsverarbeitung

---

[69] Bleicher, K., Organisation, Strategien – Strukturen – Kulturen, 2. Aufl., Wiesbaden 1991, S. 107.

[70] Bleicher, K., Organisation, Strategien – Strukturen – Kulturen, 2. Aufl., Wiesbaden 1991, S. 107.

[71] ‚Instrumentum' lateinisch für Werkzeug.

76

und Bürokommunikation geben zu einer Abwendung vom Prinzip aufga-
benorientierter Organisationsgestaltung Anlass.[72] Beispielsweise könnten
bei Vorhandensein eines Call-Centers, in dem ganz bestimmte Verrichtungen wie etwa die Auftragsentgegennahme zusammengefasst werden,
dort auch solche Mitarbeiter integriert werden, die zwar mit völlig anderen
Aufgaben betraut werden, jedoch die Technik eines Call-Centers mitbe-
nutzen möchten. Dies könnte etwa auf Mitarbeiter aus dem Bereich Marketing insofern zutreffen, als diese die Call-Center-Technik für Marketing-
aktionen oder Marktforschung benutzen.

Wird die Bildung von unmittelbaren Kooperationseinheiten an den Besonderheiten von konkreten Personen (= *Organisation ‚ad personam'*)
ausgerichtet, wird von der Vorstellung einer „Normalpersönlichkeit", wie
sie für die Organisation „ad rem" gilt, abgerückt. Das Eingehen auf die
Persönlichkeit schafft Möglichkeiten, die besonderen Fähigkeiten voll zur
Entfaltung kommen zu lassen. Auf diese Weise wird auf der einen Seite
ein Beitrag zur Selbstverwirklichung bzw. Humanisierung geleistet, auf der
anderen Seite erwartet der Organisationsgestalter auch ökonomische
Vorteile, etwa ein größeres Engagement des Betroffenen.

Die personenorientierte Bildung von Kooperationseinheiten findet sich
häufig in KMUs (kleine und mittlere Unternehmungen). Dort führt der
relativ geringe Anfall gleichartiger Aufgaben zur Zusammenfassung völlig
unterschiedlicher Aufgabenfelder. Im Vordergrund steht dabei die Überlegung, die Arbeitskapazität des Mitarbeiters auszulasten. Auch auf den
obersten Führungsebenen von Unternehmen wird die personenorientierte
Bildung von Kooperationseinheiten häufig angewendet. Die Aufgabenstruktur wird dabei an das besondere Qualifikationsprofil des (zukünftigen) Stelleninhabers angepasst, wobei ihm gerade auf oberster Ebene
Möglichkeiten offenstehen, die Aufgabenstruktur selbst zu definieren.
Schließlich kann nach Hans-Ulrich Baumberger eine wesentliche allgemeine Ursache für die personenorientierte Bildung darin gesehen werden,
„dass die Unternehmungen in der Regel den gegebenen Mitarbeiterstab
nur langfristig verändern können. Unter diesen Verhältnissen muss vielfach die Aufgabenverteilung an die Individualität des schon vorhandenen
oder möglicherweise verfügbaren Aufgabenträgers angepasst werden"[73].

In seinem Buch „Aufstand des Individuums" weist Reinhard K. Sprenger
eindrucksvoll darauf hin, dass der Organisation „ad personam" in Zukunft
ein größerer Stellenwert beizumessen ist. Zunächst einmal setzt er sich
kritisch mit konventioneller Führung auseinander, sieht in führungs-

---

[72] Vgl. Bleicher, K., Organisation, Strategien – Strukturen – Kulturen, 2. Aufl., Wiesbaden
1991, S. 108.

[73] Baumberger, H.- U., Die Entwicklung der Organisationsstruktur in wachsenden Unternehmungen, 2. Aufl., Bern/Stuttgart 1968, S. 42.

unterstützenden Maßnahmen wie der 360-Grad-Beurteilung[74], dem Coaching, Leistungsbeurteilungen, Mitarbeiterbefragungen u.v.m. die Fortsetzung überholter Führungsvorstellungen. Hierauf aufbauend plädiert er dafür, die mit einer Organisation „ad rem" einhergehende Gleichmacherei der Menschen kritisch zu hinterfragen. Als Ausweg bietet er die Überlegung an, dass es gerade auf die Unterschiedlichkeit der Menschen ankommt: Die Förderung der unterschiedlichen individuellen Stärken der Mitarbeiter soll dazu beitragen, ein Unternehmen (und den Menschen) erfolgreich zu machen.[75] Sprenger: „Man versucht, die menschliche Komplexität in viereckige Kästchen zu packen. (...) Das Problem ist: Wir finden keine viereckigen Menschen! (...) Menschen passen nicht genau in Kästchen, einiges bleibt im Wortsinne »unerfüllt«.(...) Auf diese Soll-Ist-Abweichung reagiert die Organisation mit entschiedenem Veränderungswillen. Allerdings soll nicht die Organisation geändert werden, sondern der Mensch. Man fragt nicht »Was kann der Mitarbeiter? «, sondern »Was kann er nicht?«"[76]

Sprenger sieht die klassische Organisation ‚ad rem' von mehreren Seiten ‚in die Zange' genommen:
- „durch die Individualisierung, die aus den Menschen andere gemacht hat, in einer Art und Weise, wie Henry Ford sich das nie hätte vorstellen können;
- durch den ungeheuren Innovationsdruck, der von den Absatzmärkten ausgeht und die traditionellen Strukturen infrage stellt;
- durch hoch differenzierte Arbeitsmärkte gepaart mit wachsendem Arbeitskräftemangel, deutlich alternder Erwerbsbevölkerung und multikultureller Auffächerung;
- durch die Globalisierung, die mit ihrer Melange aus Fusions- und Finanzmarkthysterie die Individualität der Unternehmen neu herausfordert;
- durch das Wegbrechen der Karriereleiter, die früher Organisation und Individuum lebenslang miteinander verband."[77]

Auch Fredmund Malik greift diesen Gedanken in seinem Buch „Führen, Leisten, Leben" auf. In einem Abschnitt zur Personalentwicklung (- Malik spricht zu Recht von „*Menschen* entwickeln und fördern") stellt er die Bedeutung der Individualität des Menschen für seine Entwicklung und mithin für die Unternehmensentwicklung heraus. Malik: „Fast alles, was mit der Entwicklung von Menschen zu tun hat, muss individuell gesehen werden. (...) Man fördert und entwickelt Individuen, nicht Abstraktionen, Aggregate oder Durchschnitte. Es gibt nicht den oder die Menschen. (...)

---

[74] Beurteilung des Vorgesetzten durch die Mitarbeiter.
[75] Sprenger, Reinhard K., Aufstand des Individuums, Frankfurt/New York 2000.
[76] Sprenger, Reinhard K., Aufstand des Individuums, Frankfurt/New York 2000, S. 32.
[77] Sprenger, Reinhard K., Aufstand des Individuums, Frankfurt/New York 2000, S. 43.

78

Immer wieder wird generalisiert, was nicht generalisierbar ist, und zusammengefasst, was nicht zusammengehört."[78]

4.2 Methodische Grundlagen der Organisationsanalyse

Mit der Organisationsanalyse macht man sich ein Bild von der herrschenden Organisation. Nachfolgend werden die wesentlichen Techniken der Informationsgewinnung (= Erhebungstechniken) betrachtet, die bei der Organisationsanalyse in Betracht kommen.

4.2.1 Das Dokumentenstudium

Beim Dokumentenstudium bleiben die vom Organisationsprozess betroffenen Mitarbeiter weitgehend außen vor, es sei denn, dass sich die fraglichen Dokumente allein im Zugriff der Mitarbeiter befinden. Mit Hilfe des Dokumentenstudiums verschafft man sich einen ersten Überblick; es dient auch dazu, den Einsatz weiterer Erhebungstechniken vorzubereiten. Neben den Dokumenten, die im Rahmen der Organisation entstanden sind (z.b. Organigramm, Ablaufpläne), kommen auch weitere Dokumente aus dem betrieblichen Alltag (Kundenakten, Buchungsbelege) sowie aus weiteren Bereichen (Literatur, Zeitschriften, Fallstudien, Benchmarking und Betriebsvergleiche) zum Einsatz. Verglichen mit den nachfolgenden Erhebungstechniken ist das Dokumentenstudium kostengünstig. Das Dokumentenstudium wird auch als Sekundärerhebung bezeichnet, weil mit Informationen gearbeitet wird, die schon einmal für andere Zwecke erhoben wurden.

Die nun folgenden Erhebungstechniken sind den Primärerhebungen zuzuordnen, weil die Informationen eigens für die anstehende Organisationsanalyse erhoben werden.

4.2.2 Die Beobachtung

Die Beobachtung zählt zu den direkten Erhebungstechniken. Dabei werden durch Sehen bzw. Hören Informationen aufgenommen. Auch hier ist der vom Organisationsprozess betroffene Mitarbeiter kaum aktiv in die Erhebung eingeschaltet.

---

[78] Malik, F., Führen, Leisten, Leben, 8. Aufl., Stuttgart/München 2000, S. 249.

Die offene Beobachtung, bei der die Person des Beobachters und seine Aufgabe bekannt sind, lässt sich von der verdeckten Beobachtung unterscheiden. In der Literatur wird gern behauptet, dass „die Form der verdeckten Beobachtung, bei der der Erheber seine Aufgabe nicht offenlegt, (..) in der Organisationspraxis eine untergeordnete Rolle"[79] spielt. Diese Aussage mag für Organisationsprojekte, die ‚offiziell' und unter Zuhilfenahme speziell ausgebildeter externer bzw. interner Organisatoren (Unternehmensberatung bzw. Organisationsabteilung) durchgeführt werden, weitgehend zutreffen. Begreift man Organisation als Führungsaufgabe, so ist schwer vorstellbar, dass die kleinen, täglichen Organisationsveränderungen auf der Grundlage angekündigter Beobachtungen basieren. Dem Mitarbeiter mag die offene Beobachtung fairer erscheinen, als verdeckt beobachtet zu werden. Allerdings ist darauf hinzuweisen, dass sich Mitarbeiter, die sich beobachtet fühlen, anders verhalten, als sie dies normalerweise tun.

„Bei der offenen Beobachtung selbst arbeitet der Erheber entweder aktiv im Untersuchungsbereich mit (sog. ‚aktiv-teilnehmende' Beobachtung), oder er beschränkt sich auf die Aufzeichnung der beobachteten Tatbestände (‚passiv-teilnehmende' Beobachtung')."[80] Eine ‚unstrukturierte' Beobachtung gibt dem Beobachter lediglich grobe Richtlinien vor, während die ‚strukturierte' Beobachtung durch bestimmte Beobachtungsmerkmale und Erfassungsregeln gekennzeichnet ist. Eine unstrukturierte Beobachtung liegt zum Beispiel vor, wenn der Erheber über mehrere Arbeitstage hinweg ein Protokoll für einen bestimmten Arbeitsplatz erstellt (‚Dauerbeobachtung'). Das Verfahren eignet sich gut, um die Auslastung einer Stelle, eventuelle Fehlerquellen und Störungen bzw. Beeinträchtigungen durch andere Stellen zu ermitteln, es ist aber zunächst sehr unübersichtlich und bedarf in aller Regel einer weiteren Strukturierung (vgl. Abschn. 4.4: Ausgewählte Instrumente der Organisationsgestaltung).

Bei der Dauerbeobachtung werden alle Vorfälle während der gesamten Arbeitszeit unmittelbar in Augenschein genommen und möglichst unverfälscht festgehalten. Als Nachteil ist auch der vergleichsweise hohe Zeitaufwand für diese Erhebungstechnik anzusehen.

4.2.3 Die Multimomentstudie

In vielen Fällen ist es deshalb günstiger, die Dauerbeobachtung durch die Multimomentstudie zu ersetzen. Die Multimomentstudie stellt eine ‚Stichprobenerhebung' dar. Dabei schließt man aus einer begrenzten Anzahl erhobener Fälle auf die Gesamtzahl aller Fälle. Das Verfahren basiert auf

---

[79] Röthig, Peter, Grundbegriffe der Organisation, Gießen 1989, S. 57.

[80] Röthig, Peter, Grundbegriffe der Organisation, Gießen 1989, S. 57.

statistischen Gesetzmäßigkeiten (z.b. Annahme der Normalverteilung) und Regeln (z.b. Einhaltung einer Mindest-Stichprobengröße). Sofern diese Gesetzmäßigkeiten und Regeln eingehalten werden, liefert die Multimomentstudie sehr zuverlässige und vor allem auch zeit- bzw. kostengünstig ermittelte Ergebnisse. Ihr ‚klassischer' Einsatzfall liegt vor, wenn die Zeitanteile bestimmter, häufig wiederkehrender Aufgabenarten an der Gesamtarbeitszeit erhoben werden.

Zur Verdeutlichung ein kleines Beispiel aus der Praxis: In einem Unternehmen klagen einige Teams und Abteilungen darüber, dass sie unter chronischem Arbeitskräftemangel leiden. Die Unternehmensleitung möchte diesem Problem möglichst nicht mit der Einstellung neuer Mitarbeiter begegnen, damit die Personalproduktivität erhalten bleibt. Deshalb entschließt sie sich, in allen Abteilungen eine Multimoment-aufnahme durchzuführen, um festzustellen, wieviel Arbeitszeit die Mit-arbeiter mit ihrer Kerntätigkeit verbringen. Dabei stellt sich ein erstaun-liches Ergebnis, das keineswegs als Frauendiskriminierung verstanden werden soll, heraus: Frauen benötigen deutlich mehr Zeit für den Toi-lettengang als Männer. Bei näherem Hinsehen stellt sich heraus, dass Frauen, die in den oberen Etagen des Bürohauses beschäftigt sind, diesbezüglich die absolute Spitzenreiterposition einnehmen. Die Ursache ist, wie angedeutet, keineswegs geschlechtsspezifisch! Vielmehr konnte in diesem Unternehmen festgestellt werden, dass es schlicht zu wenig Toiletten für Frauen gab. Und diese wenigen Toiletten waren allesamt im Erdgeschoss untergebracht. Folgerichtig wurde in zusätzliche Toiletten investiert, und es wurden keine zusätzlichen Mitarbeiter eingestellt, die den eigentlichen Engpass noch weiter verschärft hätten.

Voraussetzung für die Multimomentaufnahme ist - wie bei jeder Beob-achtung -, dass der Beobachter allein durch Hören und Sehen die verschiedenen Vorgänge eindeutig identifizieren kann. Wenn diese Vor-aussetzung nicht erfüllt ist, muss man die Befragung einsetzen.

4.2.4 Die Befragung

Die Befragung als gebräuchlichste Erhebungstechnik erfolgt entweder als Interview mündlich oder auf schriftlichem Wege, indem Fragebögen ver-teilt werden. Beide Formen können mit geschlossenen Fragen (vorge-gebene Antwortmöglichkeiten) oder mit offenen Fragen geführt werden. Eine Kombination von geschlossenen und offenen Fragen verbindet den Vorteil der leichten Auswertbarkeit mit dem Anspruch der Befragten, alle Informationen zu einem Sachverhalt mitteilen zu können.

„Für das Interview spricht allgemein die einfache Vorbereitung und die universelle Einsetzbarkeit, während Fragebogenaktionen normalerweise mit erheblichem Vorbereitungsaufwand verbunden sind. Sofern der Personenkreis groß genug ist, empfiehlt sich eine kombinierte Anwendung beider Techniken: Einstiegsinterviews zur inhaltlichen und sprachlichen Absicherung des Fragebogens, die Fragebogenaktion zur Erhebung der Daten, Nachfass- bzw. Tiefeninterviews zur Vertiefung bestimmter Problemkreise. "[81]

4.2.5 Die Selbstaufschreibung

„Bei der Selbstaufschreibung berichten die Aufgabenträger während einer begrenzten Erhebungsperiode selbst über ihre Aktivitäten (Art, Mengen und Zeitanteile). Die Erhebung ist entweder stellenbezogen (‚Selbstaufschreibung' im engeren Sinne) oder vorgangsbezogen (‚Laufzettelverfahren')." [82] Die Selbstaufschreibung eignet sich gut zur Erhebung der Aufgaben und ihrer Empfänger, der Aufgabenmengen und -erfüllungszeiten einer Stelle. „Der Stelleninhaber führt dabei über einen bestimmten Zeitraum (z.B. 1 Woche) ein Protokoll seiner Aktivitäten, das als ‚Tagesbericht' jeweils die gesamte Arbeitszeit erfasst. Diese Tagesberichte werden anschließend zu Aufgaben- und Tätigkeitslisten verdichtet." [83]

Auch hierzu ein kleines Beispiel: Die ‚Kleiderordnung' eines großen Unternehmens sieht vor, dass erst die Position ‚Hauptabteilungsleiter' mit einem persönlichen Sekretariat ausgestattet wird. Abteilungsleiter, Teamleiter und Fachkräfte können zur persönlichen Entlastung das unternehmenseigene ‚Schreibbüro' nutzen. Einige Mitarbeiter beklagen sich darüber, dass das Schreibbüro bestimmte Personen bevorzuge und die eigene Arbeit liegen bleibe. Mit Hilfe einer Selbstaufschreibung kann festgestellt werden, ob die Klagen der Mitarbeiter berechtigt sind. Die mit der Selbstaufschreibung gewonnene Transparenz wird im Allgemeinen sehr positiv aufgenommen und kann in diesem Beispiel sogar im Rahmen der Kostenrechnung weiterentwickelt werden: Fortan sollten die Schreibarbeiten als ‚interne Aufträge' behandelt werden; die Kostenstellen der auftraggebenden Mitarbeiter bzw. Teams werden entsprechend belastet.

„Beim Laufzettelverfahren wird einem Objekt (z.B. Auftrag, Vorgangsakte, Beleg usw.) ein Laufzettel beigegeben. Jede Stelle, die in den Arbeitsablauf dieses Objektes eingeschaltet ist, nimmt auf dem Laufzettel bestimmte Eintragungen vor (Eingangs-/Ausgangstag, Art und Dauer der Bearbeitung usw.). Mit dem Laufzettelverfahren lassen sich also beteiligte

---

[81] Röthig, Peter, Grundbegriffe der Organisation, Gießen 1989, S. 58.
[82] Röthig, Peter, Grundbegriffe der Organisation, Gießen 1989, S. 58.
[83] Röthig, Peter, Grundbegriffe der Organisation, Gießen 1989, S. 58.

82

Stellen, Durchlauf, Bearbeitungs- und Liegezeiten ablauforientiert ermitteln."[84]

Bei der Selbstaufschreibung werden alle Daten durch die Mitarbeiter des
Untersuchungsbereiches selbst erhoben. Insofern ist die Selbstaufschreibung eine ideale Erhebungstechnik, die die Sachkenntnis der Mitarbeiter
unmittelbar einbezieht und deshalb auch die höchste Akzeptanz aufweisen dürfte. Allerdings ist auf zwei Probleme hinzuweisen: aus Sicht der
Mitarbeiter kann die Selbstaufschreibung auch als störend empfunden
werden; außerdem bietet sie mancherlei Möglichkeiten zur Manipulation.

4.3 Ansätze zur Verbesserung der Organisation

Die Organisationsanalyse selbst hält zwar Hinweise zur Verbesserung der
Organisation bereit, unmittelbar verändert wird durch eine Analyse allerdings noch nichts. Deshalb ist im Übergang zur Organisationssynthese
der kreative Teil der Organisationsarbeit zu leisten.

Mit Hilfe der Organisationsanalyse, die in Gestalt von Notizen bis hin zu
Programmablaufplänen durchgeführt werden kann, werden Abläufe,
insbesondere auch komplexe Abläufe, sichtbar gemacht. Allein diese
Transparenz regt in vielen Fällen dazu an, über Änderungen nach-
zudenken und diese Änderungen dann auch umzusetzen. Die grund-
legenden Fragestellungen bei der Interpretation der sichtbar gemachten
Aufgaben und Prozesse lauten dabei:
* Gibt es (Teil-) Aufgaben, auf die verzichtet werden kann?
* Gibt es (Teil-) Aufgaben, die auf andere Art und Weise besser erledigt
  werden können?
* Welche wichtigen (Teil-) Aufgaben sind vergessen worden?

Schließlich wird eine Organisationsanalyse kaum ‚einfach so zum Spaß'
angefertigt. Vielmehr überlegen sich die Entscheidungsträger vorher,
wozu eine Organisationsanalyse erstellt werden soll. Es ist sehr hilfreich,
diese Vorüberlegungen in Form von *Zielen,* die mit der Organisations-
änderung angestrebt werden, festzuhalten.

Mit Hilfe der nachfolgend diskutierten Überlegungen können weitere
Ansätze zur Verbesserung der Organisation entwickelt werden.

4.3.1 Standardisierung

Prozesse, die häufig wiederholt werden, jedoch von verschiedenen Mitarbeitern in unterschiedlichen Situationen anders gehandhabt werden,

---
[84] Röthig, Peter, Grundbegriffe der Organisation, Gießen 1989, S. 58.

lassen sich standardisieren. Durch eine Standardisierung wird der Prozess sicherer, er kann durch die Mitarbeiter besser beherrscht werden. Außerdem wird der Prozess durch Standardisierung für die Umwelt verlässlicher. Der Kunde kann sich beispielsweise auf die Lieferzusage besser verlassen, wenn er weiß, dass die Unternehmung den Lieferprozess beherrscht, weil er immer nach dem gleichen Schema abgewickelt wird. Auch im Reklamationsbeispiel wurde deutlich, dass gerade Kunden ein Interesse an einheitlichen Abwicklungen haben. Schließlich muss sich der Mitarbeiter, der einen Standardprozess ausführt, ‚keinen Kopf' mehr machen: Die Vorüberlegungen oder Vorbereitungen zur Durchführung des Prozesses entfallen.

4.3.2 Erhöhung der Effizienz

Effizienzsteigerungen werden vor allem durch Routinisierung erreicht: ‚Übung macht den Meister'. Dazu ist erforderlich, dass Mitarbeiter an neuen Arbeitsplätzen eine gute Einführung erhalten. Ebenso sind Schulungen bei veränderten Arbeitsbedingungen ein geeignetes Instrument, um die Effizienz zu erhöhen.

Darüber hinaus deutet sich bereits beim klassischen Analyse-Synthese-Konzept eine Möglichkeit an, dem Unternehmen durch Organisationsgestaltung mehr Effizienz[85] zu verleihen: Gegebene Aufgaben lassen sich entsprechend den Fähigkeiten der Mitarbeiter neu verteilen beziehungsweise neu bündeln. Dazu werden in der Literatur mehrere Ansätze vorgeschlagen:

*   Unter **Job Rotation** (Arbeits- bzw. Aufgabenwechsel) versteht man, dass die Mitarbeiter systematisch mit neuen Aufgaben betraut werden und gleichzeitig alte Aufgaben abgeben. Davon verspricht man sich ein gewisses Maß an Abwechslung, um beispielsweise der Monotonie einfacher Arbeiten entgegenzuwirken. Aber auch in der Ausbildung wird dieser Ansatz gern eingesetzt, um dem Auszubildenden die Möglichkeit zu geben, ein breites Spektrum von Arbeitsfeldern kennen zu lernen.
*   Mit **Job Enlargement** (Arbeitserweiterung) wird die einfache Aufgabenerweiterung bezeichnet. Dabei werden nicht ausgelastete Mitarbeiter mit zusätzlichen Aufgaben betraut. Möglich, aber nicht notwendig ist eine damit verbundene bessere Honorierung.
*   Im Zuge des **Job Enrichment** (Arbeitsbereicherung) werden Mitarbeitern Aufgaben zugeordnet, für die eine höhere Qualifikation

---

[85] Beachte den Unterschied zwischen den Begriffen Effizienz und Effektivität. Zur Erinnerung (vgl. Fußnote 55): Effizienz bedeutet, die Dinge ‚richtig' zu tun, während Effektivität bedeutet, ‚die richtigen Dinge' zu tun. Der Begriff Effizienz ist im Zusammenhang mit der Beschreibung einer Tätigkeit gebräuchlich (‚effizient arbeiten'), während der Begriff Effektivität eher als Beschreibung für eine Eigenschaft eines Subjektes dient (‚effektiv sein').

erforderlich ist. Diesem Ansatz gehen in der Regel Qualifizierungsmaßnahmen voraus. Auch besonders hervorragende Leistungen im
angestammten Aufgabenbereich können nahe legen, den Mitarbeiter
mit schwierigeren Auf-gaben zu betrauen.

- Der Begriff **Job Assignment** (fähigkeitsorientierter Arbeitszuschnitt)
  geht über die soeben diskutierten Ansätze ein Stück weit hinaus:
  damit ist die Forderung verbunden, dem Mitarbeiter im Rahmen der
  betrieblichen Möglichkeiten das für ihn passende Aufgabenbündel
  zuzuordnen (vgl. dazu auch die Aufgabensynthese ‚ad personam'
  aus dem Abschn. 4.1). Dazu gehört auch, dass überforderte
  Mitarbeiter Aufgaben abgeben.

- Schließlich ist zu erwähnen, dass auch mit dem **Instrument der lei-
  stungsorientierten Vergütung** die Effizienz gesteigert werden kann
  (vgl. dazu auch Abschn. 3.3.1.1). Die leistungsorientierte Vergütung
  setzt einerseits Anreize zur Mehrleistung, andererseits trägt sie zu
  einer Variabilisierung der Kosten bei. Kritiker merken allerdings an,
  dass die Anreizwirkung vielfach überschätzt wird.[86]

4.3.3 Erhöhung der Effektivität

Auch die Frage nach der Effektivität[87] der Organisation hilft bei der Suche
nach besseren Organisationsstrukturen weiter. Zunächst einmal ist
kritisch zu hinterfragen, ob die Aufgaben, die im Rahmen der Organisationsanalyse festgestellt wurden, für den Erfolg des Unternehmens überhaupt notwendig sind. Überflüssiger Ballast, wie zum Beispiel Doppel-
arbeiten, kann auf diese Weise identifiziert und eliminiert werden. Dieser
Ansatz wurde in den verschiedensten betriebswirtschaftlichen Fachrich-
tungen diskutiert. Auch Unternehmensberater fanden immer wieder neue,
wohlklingende Worte für die Suche nach überflüssigen Aufgaben.
Erstmals begegnet uns dieser Ansatz unter dem Titel ‚*Zero-Base-
Budgeting*'. Damit wird die Unternehmensplanung aufgefordert, geradezu
von der ‚Grundlinie' oder ‚Nulllinie' ausgehend zu planen, und nicht etwa
Gemeinkostenbudgets als gegeben und unveränderbar anzusehen. Das
Zero-Base-Budgeting stellt sich dar wie eine Neuplanung aller Gemein-
kostenaktivitäten ‚auf der grünen Wiese'. Eine Gemeinkostensenkung
wird erreicht, indem eine Neuplanung des gesamten Geschäfts ohne
Berücksichtigung der vorhandenen Abteilungs- und Kostenstrukturen
erarbeitet wird.[88]

---

[86] Vgl. z.B. Sprenger, Reinhard, Mythos Motivation, 9. Aufl., Frankfurt/Main, New York 1995

[87] Vgl. die vorhergehende Fußnote.

[88] Vgl. Hindle, Tim, Die 100 wichtigsten Management-Konzepte, München 2001, S. 343-344.

Diesem Konzept sehr ähnlich ist das ‚*Lean Management*', wenngleich hier das Prozessdenken stärker betont wird. Komplizierte Prozesse sollen radikal vereinfacht, sprich: schlanker gemacht werden. Der Begriff Lean Management kommt ursprünglich aus der Produktion, in der man erkannt hatte, dass sich viele Arbeiter in den Fabrikhallen neben dem Fließband ‚auf dem Weg' befanden und zur eigentlichen Wertschöpfung nichts oder nur wenig beitrugen: Reinigungskräfte, Reparaturkräfte, Nachschubversorger etc. Weitere Elemente des Lean Managements sind die Reduzierung der Schnittstellenanzahl zu externen Partnern (vor allem zu Lieferanten, d.h. Konzentration auf weniger Lieferanten) sowie die Komponentenfertigung (Standardisierung von Vorprodukten, die in unterschiedliche Produkte oder Produktgruppen Eingang finden) zwecks Reduzierung der Komplexität. Durch die Gestaltung der Prozesskette entlang der Wertschöpfungsstufen und durch die Übernahme von mehr Verantwortung durch die Mitarbeiter in den einzelnen Fertigungsstufen sollte eine schlankere Produktion erreicht werden.[89] Selbstverständlich lassen sich diese Gedanken auch auf kaufmännische Prozesse übertragen.

Schließlich ist auch das Konzept ‚*Business Reengineering*' zu nennen, das neben der Verschlankung von Prozessen darauf setzt, unter extremem Einsatz von Informationstechnologie vor allem die *Kernprozesse* des Unternehmens zu verschlanken. Michael Hammer und James Champy definieren dieses Konzept als „fundamentales Überdenken und radikales Redesign von Unternehmen oder wesentlichen Unternehmensprozessen", um „Verbesserungen um Größenordnungen"[90] hinsichtlich kritischer Kerngrößen wie Kosten, Qualität, Service und Geschwindigkeit zu erreichen.
In diesem Zusammenhang wird insbesondere auch die Frage gestellt, ob ein Unternehmen alle analysierten Aufgaben selbst erfüllen will. Mit ‚*Outsourcing*' bezeichnet man den Ansatz, ehemals selbst durchgeführte Aufgaben, die nicht zum Kerngeschäft gehören, an ein anderes Unternehmen zu übertragen.[91] Auf der einen Seite kommen existierende Unternehmen in Betracht. Es ist aber möglich, im Rahmen eines so genannten ‚*Management-Buy-Out*' das in Frage kommende Aufgabenbündel eigenen Mitarbeitern mit der Auflage zu übertragen, sich selbstständig zu machen.

---

[89] Womack, James P., Jones, Daniel T., Roos, Daniel, Die zweite Revolution in der Autoindustrie, Frankfurt a.M. u.a. 1991, S. 61.

[90] Hammer, Michael, Champy, James, Business Reengineering, 5. Auflage, Frankfurt/Main; New York 1995, S. 48.

[91] Gelegentlich spricht man auch vom so genannten ‚internen' Outsourcing, wenn weitgehend selbstständige Unternehmensteile Aufgaben an andere Unternehmensteile im gleichen Unternehmen (Konzern) übertragen. Dieser Fall sei an dieser Stelle nicht näher betrachtet.

86

4.3.4 Qualitätsmanagement

Der Begriff Qualität geht im Zusammenhang mit dem Konzept ‚Qualitäts-management' weit über den eng mit der Warenwelt verbundenen Quali-tätsbegriff hinaus. Qualität ist demnach aus Kundensicht die Überein-stimmung zwischen dem, was erwartet wird, und dem, was geboten wird. Dazu gehören nicht nur die materiellen, sondern auch die immateriellen Bestandteile. Der Qualitätsanspruch des Kunden ist demnach befriedigt, wenn der Lieferant dem Kunden

• das passende Produkt (bzw. Dienstleistung),
• zu einem angemessenen Preis,
• mit dem passenden Service ausgestattet,
• in der notwendigen Menge,
• zur vereinbarten Zeit und
• am vereinbarten Ort

zur Verfügung stellt.

Hierzu muss der Qualitätsanspruch die gesamte Leistungserstellung, von der Beschaffung über die Produktionsweise und die Verwaltung bis hin zum Vertrieb der Waren bzw. Dienstleistungen, durchdringen. Es ist davon auszugehen, dass ein Unternehmen, das von diesem weit-reichenden Qualitätsgedanken beseelt ist, seine Organisationsstrukturen und Prozesse entsprechend ausrichtet.

In der Praxis wurde dieser Gedanke zuerst in Japan aufgenommen und unter dem Titel ‚*Kaizen*' (vgl. dazu auch die Einführung zu Kap. 4) umgesetzt.[92] Eine Reihe von Einzelmaßnahmen sollte für eine durch-gängige Qualitätsorientierung sorgen:

• Durch eine U-förmige Anordnung der Produktion[93] soll im Rahmen dieses Ansatzes erreicht werden, dass die betroffenen Mitarbeiter die gesamte Produktion überblicken, um nicht zu sehr auf die Produk-tionsstufe fixiert zu sein, in der man gerade eingesetzt ist. Hierdurch soll dem sog. ‚Mauerwurfsyndrom'[94] entgegengewirkt werden.

• Ferner kommt beim Kaizen das Prinzip des „Internen Kunden" zum Einsatz. Mitarbeiter nachfolgender Produktionsstufen haben dem-nach das Recht, ein Vorprodukt abzuweisen, wenn es den Qualitäts-

---

[92] Erstaunlich ist, dass Kaizen als Management-Konzept westliche Geburtshelfer benötigte. Drei Amerikaner sind in diesem Zusammenhang zu nennen: W. Ewards Deming (1950-52), Joseph M. Juran (1954) und Feigenbaum (1956). Dies hängt damit zusammen, dass Amerika dem unterlegenen Gegner Japan nach dem Zweiten Weltkrieg dabei half, die Produktion in seinen Fabriken zu modernisieren.

[93] In der europäischen Industrie ist eine „gerade" Anordnung der Produktionshallen üblicher: Die erste und die letzte Fertigungsstufe sind räumlich am weitesten voneinander entfernt.

[94] Mit ‚Mauerwurfsyndrom' bezeichnet man die Fixierung der Mitarbeiter allein auf die Fer-tigungsstufe, in der man selbst eingesetzt ist. Das eigene Arbeitsergebnis wird gewisser-maßen über eine unsichtbare Mauer geworfen. Was dann damit passiert, interessiert nicht.

standards nicht entspricht. Neben die reine Ausführungsaufgabe wird damit den Mitarbeitern auch eine Managementaufgabe übertragen.

- Schließlich impliziert Kaizen auch regelmäßige Teamgespräche, in denen, fern vom Alltagsgeschehen, Schwachstellen aufgedeckt und abgestellt sowie Verbesserungsmöglichkeiten diskutiert werden. Die Summe der so entwickelten, kleinen Verbesserungen steigert die Produktivität des Unternehmens in einem erstaunlichen Maße.

In der westlichen Welt wurde Kaizen vornehmlich unter dem Titel ‚*Total Quality Management*‘ eingeführt. Seit 1990 können sich Unternehmen auch von unabhängigen Stellen bescheinigen lassen, dass sie ‚*Qualitäts-management*‘ betreiben. Die Tätigkeit dieses Zertifizierens erfolgt entsprechend dafür geschaffener und genormter Anforderungen, die in der DIN EN ISO 9001:2000 dokumentiert sind. Um die Unabhängigkeit und Objektivität der Zertifizierung sicherzustellen, wird dabei auf die strenge Trennung von Beratung und Zertifizierung geachtet.

Das Zertifikat sagt aus, dass das Qualitätsmanagement-System des Unternehmens die in den Normen festgelegten Anforderungen erfüllt und in einem Dokument festgehalten ist. Dieses Dokument wird als Qualitäts-handbuch bezeichnet. In regelmäßig stattfindenden Audits muss das Unternehmen nachweisen, dass es so arbeitet, wie es im Qualitäts-handbuch beschrieben ist. Außerdem ist nachzuweisen, dass das Quali-tätsmanagement-System ‚lebt‘: Veränderungen (und mithin Verbesse-rungen) sind entsprechend zu dokumentieren. „Die fortlaufende Über-wachung der Zertifikate wirkt zum einen nach innen als Antrieb zur Weiterentwicklung eines lebendigen QM-Systems und nach außen als Bestätigung einer Vertrauensbasis für die Kunden-Lieferanten-Beziehungen.“[95]

Auch *Six Sigma (6σ)* ist eine Methode des Qualitätsmanagements, die darauf abzielt, dass möglichst wenig Fehler in den Geschäftsprozessen gemacht werden. Im Gegensatz zu den frühen Anfängen des Qualitäts-managements werden aber nicht „Null Fehler“ angestrebt. Vielmehr soll die Fehleranzahl systematisch verringert werden. „Der Name Six Sigma leitet sich aus der Statistik ab. Die Zahl 6 definiert dabei den Zielgrenzwert (die gewünschte Genauigkeit oder Toleranz) der Standardabweichung Sigma (σ)“[96], wobei dies 3,4 Fehlern auf eine Million Fehlermöglichkeiten entspricht.

---

[95] Ebel, Bernd, Qualitätsmanagement, Herne/ Berlin 2001, S. 139 f.

[96] http://de.wikipedia.org/wiki/Six_Sigma vom 11.12.2006.

4.3.5   Ideen-Management

Nicht immer steht die Organisationsanalyse am Anfang einer Verbesserung. Häufig dringen auch Ideen in das Unternehmen, die dann eine Überprüfung und Veränderung der Organisation nach sich ziehen.

Schon früh wurde in deutschen Unternehmen erkannt, dass die Ideen der Mitarbeiter einen erheblichen Beitrag zum Erfolg des Unternehmens leisten können. Das *„Betriebliche Vorschlagswesen"* wurde im Jahre 1888 von Alfred Krupp in Deutschland begründet. Seither werden in vielen Unternehmen und Verwaltungen die Ideen der Mitarbeiter gegen Honorierung genutzt. Das betriebliche Vorschlagswesen wird allerdings nicht von allen Unternehmen genutzt. Dabei werden folgende Argumente gegen das betriebliche Vorschlagswesen vorgetragen:

- Das Verfahren ist zu aufwändig: Der Ablauf muss klar umrissen sein, die Zuständigkeiten sind unmissverständlich festzulegen.
- Die Mitarbeiter halten sich mit spontanen Verbesserungen zurück.
- Mitarbeiter, die ohnehin für ihre Kreativität bezahlt werden, benötigen keine Prämienanreize. Mithin eignet sich das betriebliche Vorschlagswesen nur für Bereiche, in denen Routinetätigkeiten vorherrschen. Damit wäre eine „Zweiklassengesellschaft" im Unternehmen zementiert.
- Das Rationalisierungspotenzial und mithin die Prämie lassen sich nicht oder nur schwer ermitteln.

Die Ideen der Mitarbeiter lassen sich natürlich auch ohne das Institut des Betrieblichen Vorschlagswesens erschließen. Schon im vorhergehenden Abschnitt war von Meetings die Rede, die im Rahmen des Kaizen-Konzeptes eingesetzt werden. Auch Workshops im Rahmen des ‚Strategischen Managements' können ihren eigenen Beitrag zur Verbesserung der Organisation leisten.
Dabei sollte der Einsatz von erkenntnisfördernden Techniken, wie Visualisierung, Kreativitätstechniken und der Moderationstechnik beherrscht werden.

Ideen können auch von außen in das Unternehmen dringen. Impulse können von Material- und Investitionsgüterlieferanten kommen. Neue Materialien und neue Maschinen können den Leistungserstellungsprozess und die damit im Zusammenhang stehenden Organisationsstrukturen ganz erheblich beeinflussen. Dies gilt selbstverständlich auch für so genannte ‚Neue Technologien' (= Informations- und Kommunikationstechnologien: IuK), die nicht nur die Produktionssteuerung beeinflusst haben, sondern verstärkt auch die kaufmännischen Prozesse verändern.
Neuerdings werden von den Lieferanten und weiteren Helfern (z.B. in Form von Beratungsunternehmen) nicht allein die Lieferung aktueller

Materialien und Investitionsgüter erwartet; vielmehr soll auch ein Know-how-Transfer bezüglich des Einsatzes und der Verwendung stattfinden. Die daraus resultierenden Organisationsveränderungen basieren auf so genannten Referenzmodellen. Der Lieferant hat also an einem Beispiel zu zeigen, wie das gelieferte Produkt in den Unternehmenskontext einzubauen ist.

Referenzmodelle haben insbesondere bei der Einführung neuer Informationstechnologie eine besondere Bedeutung erhalten. Die im Zusammenhang mit der Einführung von Individual-Software noch übliche, am Kosiol'schen Analyse-Synthese-Konzept angelehnte Vorgehensweise, ein Pflichtenheft zu erstellen, um die Vorgaben für den Softwarelieferanten zu dokumentieren, hat mit der weiten Verbreitung von Standardsoftware gerade durch Referenzmodelle eine wichtige Ergänzung erfahren. Der Kunde lässt sich im Rahmen der Auswahlphase zeigen, wo die gewünschte Software bereits eingesetzt wird. Diese Praxis-Präsentationen regen häufig dazu an, eigene Abläufe zu hinterfragen und entsprechend anzupassen. Darüber hinaus entwickeln einige Softwareunternehmen sogar virtuelle Idealmodelle, die sowohl als Übungsplattform dienen, aber auch einen Referenzcharakter haben.

Das Ideen-Management eines Unternehmens lässt sich auch durch personalpolitische Maßnahmen unterstützen. Die systematische Aus- und Weiterbildung der eigenen Mitarbeiter, die gezielte Behebung von Defiziten durch fremde Mitarbeiter und eine systematische Nachwuchspolitik sind in diesem Zusammenhang zu nennen.

Der neueste Ansatz zum Ideenmanagement trägt den Titel ‚*Wissensmanagement*‘ (bzw. ‚Business Knowledge Management‘). Da dieser weitgehende Ansatz nur dann von Erfolg gekrönt ist, wenn die begrenzte Regel- und Steuerbarkeit von Unternehmen sowie die Notwendigkeit zum ständigen Lernen (an)erkannt wird, soll dieser Ansatz weiter unten im Kap. 5 zum Change-Management behandelt werden.

4.4 Ausgewählte Instrumente der Organisationsgestaltung

Die Instrumente der Organisationsgestaltung sollen dabei helfen, dass die festgestellte Ist-Organisation oder die angestrebte Soll-Organisation hinsichtlich der Mitarbeiterbeziehungen (Hierarchie) und der im Unternehmen ablaufenden Prozesse dokumentiert und gegebenenfalls stabilisiert wird.

Während in vergangener Zeit Organisationshilfsmittel substanziell aus Papier und Stift bestanden, kommen neuerdings mehr und mehr computergestützte Lösungen zum Einsatz. Rahmenstrukturen lassen sich auf

Papier und/oder in Form von Dateien festhalten. Elektronische Dokumente weisen den Vorteil auf, dass der Computer bestimmte Aufgaben wie das Strukturieren, Suchen und Wiederfinden erleichtert. Nachteilig ist, dass Dateien nur mit Hilfe von Computern eingesehen werden können. Ein Blatt Papier stellt diese Anforderung nicht.

Wenn es darum geht, Regeln nicht nur zu dokumentieren, sondern sie auch so auszugestalten, dass sie mehr oder weniger zwangsläufig bindend wirken, sind elektronische gegenüber papiergebundenen Systemen im Vorteil: Während zum Beispiel bei papiergebundenen Formularen letztlich doch der Mensch die notwendige Disziplin aufbringen muss, übernimmt der Computer die Überwachung der Disziplin auf Wunsch ohne menschliches Zutun, indem er beispielsweise nur plausible und/oder vollständige Eingaben zulässt. Dies kann allerdings in Situationen zum Nachteil gereichen, in denen unvorhersehbare Ereignisse ein Abweichen von der ‚organisierten Linie' notwendig machen.

4.4.1 Formulare

Formulare helfen dabei, die für einen Vorgang benötigten Daten möglichst vollständig zu erfassen. Damit wird vermieden, dass bei gleichartigen Vorgängen immer wieder überlegt werden muss, welche Informationen tatsächlich benötigt werden. Nachteilig erscheint allerdings, dass in Formularen oftmals mehr Informationen gefordert, als tatsächlich benötigt werden. Ursache hierfür ist, dass Formularen häufig ein zu großer Anwendungsbereich zugemessen wird. Andererseits würde ein passgenauer Anwendungsbereich eine Formularfülle zur Folge haben.

Formulare können auch stellen- bzw. institutionenübergreifend eingesetzt werden. Diese ‚Laufzettel' begleiten den Vorgang dann in aller Regel als Deckblatt. In diesem Fall wird häufig mit Durchschlägen (Kopien) gearbeitet, damit die vorgangsabgebende Stelle die Bearbeitung dokumentiert. Zusätzlich können zwecks sicherer Dokumentation die einzelnen Vorgänge nummeriert und in Buchform (z.B. Kassenbuch) festgehalten werden.
Nicht selten begleiten spezielle Laufzettel nicht nur den Vorgang über mehrere Stellen hinweg, sondern auch den ‚Betroffenen', sei es das ausführende Team in einem Funktionsmeistersystem (vgl. oben ‚Mehrliniensystem'), den Antragsteller in einer Behörde oder den angehenden Rekruten bei der Musterung.

Das Formularwesen hat mittlerweile umfänglich Einzug in die elektronische Welt gehalten. Die Eingabe eines Auftrages in das computergestützte Abwicklungssystem ist selbstverständlich ‚formularbasiert': Pflichtfelder müssen ausgefüllt werden, zusätzliche Felder (z.B. das Feld für eine besondere Lieferadresse) öffnen sich erst, wenn ein kleiner elektronischer Schalter (‚button') gedrückt wurde. Weiter konnte der Komfort gegenüber papierenen Formularen mit so genannten „match-codes" erweitert werden: Der Eintrag eines Kürzels genügt, um sich die vollständige Bezeichnung eines Artikels anzeigen zu lassen. Die Erweiterung um so genannte ‚Auswahl- und Trefferlisten' für den Fall, dass ein Kürzel auf mehrere Einträge verweist, erleichtert die Arbeit nochmals. Schließlich lässt sich die Bevorratung von Formularen vermeiden und der Zugriff auf Formulare erleichtern, wenn sie in einem Computernetzwerk zur Verfügung gestellt werden.

4.4.2 Organisationshandbücher

Organisationshandbücher sind in aller Regel als Loseblattsammlungen konzipiert. Sie richten sich an alle Mitarbeiter des betreffenden Unternehmens oder des betreffenden Unternehmensteils. Meistens bestehen Organisationshandbücher aus zwei Teilen, den Organisationsanweisungen (OA) und den Organisationsrundschreiben (OR).
Organisationsrundschreiben haben mitteilenden Charakter. Zum Beispiel wird mit einem Organisationsrundschreiben die Gründung einer neuen Abteilung und deren Aufgaben und Kompetenzen bekannt gegeben.
Organisationsanweisungen beinhalten Regeln, an die sich die betreffenden Mitarbeiter zu halten haben. Zum Beispiel wird mit einer Organisationsanweisung festgelegt, dass Beschaffungen oberhalb einer Grenze, sagen wir 500 Euro, nur unter Einschaltung der Einkaufsabteilung getätigt werden können.

Eine spezielle Art von Organisationshandbüchern ist das in vielen Unternehmen seit Anfang der 1990er Jahre eingeführte ‚Qualitätssicherungshandbuch nach DIN ISO 9000 ff.'. Die einfachste Form der Gliederung besteht aus einem Einführungsteil und einem Hauptteil. Diese beiden Teile zerfallen in Abschnitte, wobei sich eingebürgert hat, den Einführungsteil alphabetisch zu gliedern (z.B. Abschnitte A bis F), während der Hauptteil numerisch gegliedert wird (z.B. Abschnitte 1 bis 19). Der Einführungsteil beschreibt im Wesentlichen, auf welche Betriebsteile sich das Organisationshandbuch bezieht. Jeder Abschnitt des Hauptteils ist in fünf Segmente gegliedert:
- Zweck,
- Anwendungsbereich,
- Zuständigkeiten,
- Vorgehensweise und
- Dokumentation.

Als Beispiel dient der Abschnitt ‚Beschaffung' aus dem Hauptteil eines Qualitätshandbuches:

1. Zweck
Dieser Abschnitt beschreibt, durch welche Maßnahmen die Muster GmbH sicherstellt, dass bei der Beschaffung die vereinbarte Qualität eingehalten wird.

2. Anwendungsbereich
Die Regelung gilt für alle Vorgänge, die der auftragsbezogenen Beschaffung von Verkaufsprodukten und zugehörigen Dienstleistungen dienen.

3. Zuständigkeiten
Die Mitarbeiter der Auftragsabteilung sind für die auftragsbezogene Beschaffung, deren Überwachung und deren Aufzeichnung zuständig. Verantwortlich ist der Leiter der Auftragsabteilung.
Die Auswahl der Lieferanten der auftragsbezogenen Serviceleistungen erfolgt durch die Auftragsabteilung. Die Verantwortung liegt bei ihrer Leitung.

4. Vorgehensweise
4.1. Beschaffung von Verkaufsprodukten
Die Produkte werden von anderen Konzerntöchtern der Metamuster GmbH beschafft, die ebenfalls Qualitätssicherungs-Systeme installiert haben und bewertet werden.
In der Auftragsabteilung ist in Verzeichnissen geregelt, von welchen Lieferwerken die Produkte bezogen werden können.
Die Bestellung bei der entsprechenden Lieferstelle erfolgt durch Datenfern-übertragung. Die übermittelte Bestellung enthält alle notwendigen Daten, um die Erfüllung der vereinbarten Qualität sicherzustellen.
Das Auftrags-Abwicklungsverfahren wird im Abschnitt B.Prozesslenkung weiter beschrieben. Näheres wird in den Richtlinien 205/1 Beschaffung und 208/1 Auftragsabwicklung (Organisationshandbuch Muster GmbH) beschrieben.

4.2. Beschaffung auftragsbezogener Serviceleistungen
Der Transportauftrag wird an solche Lieferanten vergeben, die nach Prüfung gemäß Konzernrichtlinie "Operational Procedures" (MGD-002; Organisationshand-buch Metamuster GmbH) und nach erwiesener Zuverlässigkeit eingesetzt werden dürfen.
Anhand der "Operational Procedures" werden Lieferanten auf ihre Eignung zur Erfüllung der Qualitätsanforderung geprüft.
Die Einhaltung der laufenden Vereinbarungen wird mit Hilfe des EDV-Programms Spedi-Q überwacht. Durch statistische Auswertung wird die Lieferqualität des Lieferanten dargestellt. Die Einhaltung der Vereinbarungen muss zusätzlich in regelmäßigen Audits gegenüber der Metamuster GmbH nachgewiesen werden. Die Muster GmbH erfüllt die Qualitätsansprüche durch Pflege sämtlicher Transport-aufträge im EDV-Programm Spedi-Q sowie durch Auswahl der Spediteure aus dem jeweils aktuellen Verzeichnis der zugelassenen Spediteure (MGD-003; Organisa-tionshandbuch der Metamuster GmbH).
Der Transportauftrag enthält alle notwendigen Daten, um die Erfüllung der verein-barten Qualität sicherzustellen. Näheres wird in den Richtlinien 205/1 Beschaffung und 208/1 Auftragsabwicklung beschrieben.

5. Dokumentation
Richtlinie 205/1 Beschaffung (Organisationshandbuch Muster GmbH)
Richtlinie 208/1 Auftragsabwicklung (Organisationshandbuch Muster GmbH)

MGD-003 Verzeichnis der zugelassenen Spediteure (Organsiationshandbuch Metamuster GmbH)
MGD-002 Operational Procedures (Organsiationshandbuch Metamuster GmbH)
Handbuch Spedi-Q

Organisationshandbücher greifen auch auf die nachfolgend beschriebenen Hilfsmittel zurück.

4.4.3 Organigramme

Mit Hilfe eines Organigramms werden Über-, Neben- und Unterordnungsbeziehungen grafisch beschrieben. Dabei wird in der Praxis entsprechend dem Einlinien- und dem Stabliniensystem überwiegend angestrebt, einem Mitarbeiter genau einen Vorgesetzten zuzuordnen.

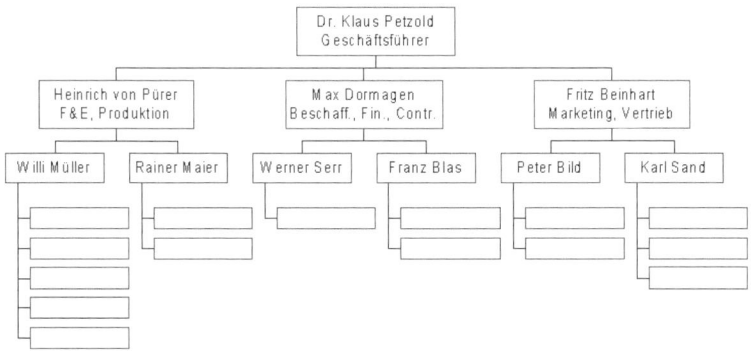

Abbildung 27: Beispiel für ein Organigramm, erstellt mit MS Powerpoint

In Einzelfällen, in denen dies nicht möglich ist, wird zwischen einer disziplinarischen und einer fachlichen Zuständigkeit unterschieden. Zum Beispiel ordnet man den Werkscontroller fachlich gern der Muttergesellschaft zu, während er disziplinarisch bei der Tochtergesellschaft (Werk) angebunden ist. In Ausnahmefällen (z.B. Funktionsmeistersystem nach Taylor) werden aber auch bewusst einem Mitarbeiter mehrere Vorgesetzte zugeordnet. Davon verspricht man sich einen besseren Spezialisierungseffekt auch auf der Leitungsebene.

Die Erstellung eines Organigramms ist eine sehr sensible Angelegenheit. Der Anspruch besteht darin, dass die vorherrschenden Verhältnisse realitätskonform dargestellt werden. Wenn in einem Unternehmen zum ersten Mal ein Organigramm erstellt werden soll, sind in aller Regel umfängliche Abstimmungen vorzunehmen, da die Vorstellungen der einzelnen Mitarbeiter nicht unbedingt zueinander passen, sich häufig sogar widersprechen. Um die Akzeptanz zu erhöhen, ist darüber hinaus auch darauf zu achten, dass sich die ‚Kleiderordnung' des Unternehmens, die sich in Statussymbolen ausdrücken kann, auch im Organigramm spiegelt. Größe, Erscheinungsbild und Anordnung von Stellen und Instanzen werden von den Mitarbeitern in aller Regel mit großer Aufmerksamkeit wahrgenommen.

Werden Organigramme ohne Personenbezeichnung erstellt, spricht man von Stellenplänen. Eine gleichermaßen technisch wie taktisch hilfreiche Vorgehensweise bei der Erstellung von Organigrammen ist es, zunächst einen Stellenplan zu erstellen, um darauf aufbauend die konkreten Stelleninhaber zu benennen.

4.4.4 Funktionendiagramme

Mit Hilfe eines Funktionendiagramms lässt sich die Gesamtaufgabe eines Teams, einer Abteilung und auch, wenn die Komplexität dies zulässt, einer Unternehmung personen- und/oder stellengenau beschreiben. In der Praxis wird der Stelle häufig der Vorzug gegeben, wenn dieses Organisationskonstrukt zeitlich stabiler ist, d.h. wenn die Stelle (bzw. Position) durch systematischen (z.B. Schichtbetrieb, Job Rotation) oder unsystematischen (Fluktuation) Personenwechsel gekennzeichnet ist.

Tischproduktion	Ltr. Verwaltung Herr Müller	Leiter Produktion Herr Meyer	Mitarbeiter Produktion Herr Belzer
1. Rohstoffe beschaffen	Durchführung	Kontrolle	
2. Tischbeine produzieren		Kontrolle	Durchführung
2. Tischplatte produzieren		Durchführung	Kontrolle
3. Montage	Kontrolle	Leitung	Durchführung
4. Verkauf	Durchführung		Kontrolle
4.1. Angebot erstellen	x		
4.2. liefern			
4.3. Rechnung schreiben	x		
4.4. evt. mahnen	Durchführung		

Abbildung 28: Ein einfaches Beispiel für ein Funktionendiagramm

Bei dem vorstehenden Beispiel wurde ein bewusst einfacher Fall gewählt, der auch bei der Darstellung des nachfolgenden Organisationsinstruments Anwendung finden wird. Wie in der Abbildung deutlich wird, lassen sich die einzelnen Hauptfunktionen wie z.b. der Verkauf, bei Bedarf weiter untergliedern.

4.4.5 Programmablaufpläne/ Flussdiagramme

In einem Programmablaufplan (PAP) bzw. Flussdiagramm werden zusammengehörende Tätigkeiten in ihrer exakten Reihenfolge dargestellt. Neben einfachen Ablauffolgen werden auch Verzweigungen, die je nach Ausprägung eines Kriteriums bzw. Erfordernisses einer Entscheidung ein unterschiedliches Vorgehen nach sich ziehen, gezeigt. Es wird wieder das gleiche Beispiel wie im vorangehenden Kapitel verwendet:

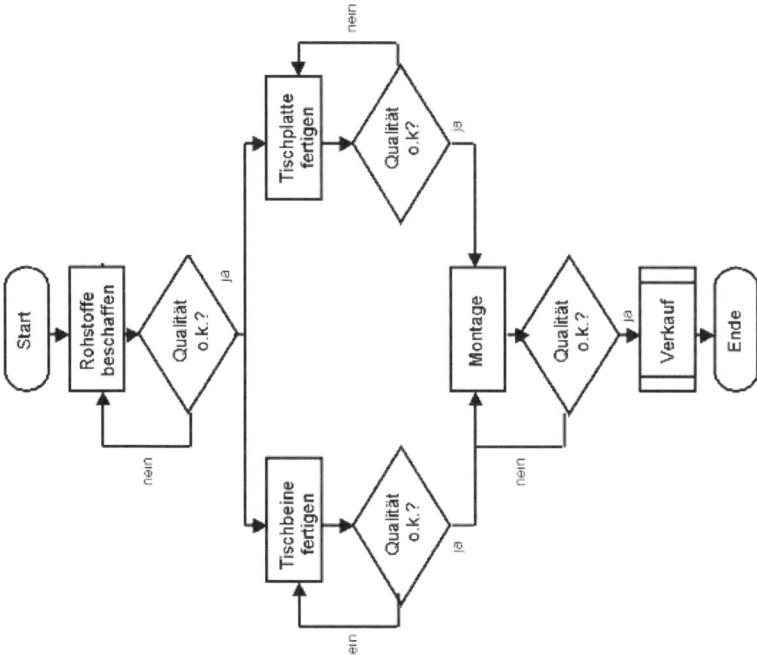

Abbildung 29:   Ein einfaches Beispiel für ein Flussdiagramm

In der praktischen Anwendung gelingt es normalerweise weder im Rahmen der Organisationsanalyse noch im Rahmen der Organisationssynthese, ‚aus dem Stand' ein Flussdiagramm zu entwerfen. Vielmehr wird der beobachtete bzw. zu gestaltende Ablauf zunächst verbal mit Hilfe von Notizen dokumentiert. Als Zwischenstufe dient gegebenenfalls das Funktionendiagramm, aus dem dann das Flussdiagramm abgeleitet wird.

4.4.6 Ereignisgesteuerte Prozesskette (EPK)

Auch die Ereignisgesteuerte Prozesskette (EPK) ist, wie das zuvor dargestellte Flussdiagramm, eine Form der Darstellung von Geschäftsprozessen einer Organisation.

In EPK werden Objekte mit Verknüpfungspfeilen in einer 1:1-Zuordnung verbunden (Ausnahme bei logischen Verknüpfungen: UND, ODER, XOR). Beginnend mit einem auslösenden Ereignis wechseln die Objekte sich in ihrer Bedeutung zwischen Ereignis und Funktion ab.

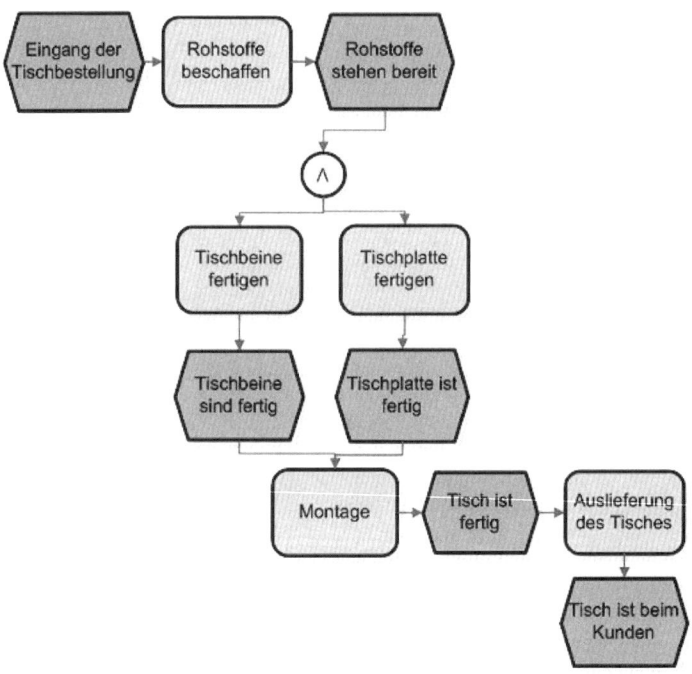

Abbildung 30: Ein einfaches Beispiel für eine „Ereignisgesteuerte Prozesskette" (EPK)

4.4.7 Blockdiagramm und Prozess-Werkzeuge

Das Blockdiagramm hebt den Nachteil des Flussdiagramms, mit dem die Zuständigkeit nicht - wie im Funktionendiagramm möglich - explizit dargestellt werden kann, auf.

Eine einfache Möglichkeit, die Analyse von Prozessen mit dem Computer zu unterstützen, ist die Erstellung eines Funktionendiagramms mit Hilfe einer Tabellenkalkulation (z. B. MS Excel). In einem ersten Schritt werden in den Tabellenkopf die am Prozess beteiligten Personen bzw. Stellen eingetragen. Darauf aufbauend werden mit den Personen (z. B. in Form von Workshops) Gespräche geführt, um deren Rolle in dem zu untersuchenden Prozess tabellarisch festzuhalten. Der Vorteil gegenüber einer Erstellung mit ‚Block und Bleistift' besteht darin, dass jederzeit Zeilen für möglicherweise übersehene Teilprozesse oder Spalten für übersehene Beteiligte eingefügt werden können. Außerdem lassen sich zusätzliche Spalten nutzen, um größere Prozesse weiter zu untergliedern. Auf diese Weise steigt die Übersichtlichkeit.

Professionelle Prozess-Tools sind in der Lage, aus den tabellarisch bzw. mit Hilfe von Datenbanken erhobenen Sachverhalten mehr oder weniger automatisch Flussdiagramme zu erzeugen. Umgekehrt lassen sich auch die (z. B. mit MS Visio) in Grafiken modellierten Sachverhalte in Datenbanken übernehmen. Anhand der Modelle lassen sich dann im Vergleich mit anderen Erhebungen (‚IST-Prozesse') und/oder durch intelligente Überlegungen verbesserte ‚SOLL-Prozesse' entwickeln.[97]

Prozess-Werkzeuge, wie z.b. Aris Toolset[98] oder SYCAT[99], ermöglichen die unternehmens- und weltweite Geschäftsprozessdefinition und -modellierung sowie deren Analyse, Verbesserung und Dokumentation. Damit können schnelle Entscheidungen zum Geschäftsprozess-Management herbeigeführt werden. Prozess-Werkzeuge ermöglichen realitätsgetreue Simulationen von Ressourcenauslastungen und Prozesskostenrechnungen zum Beispiel für Make-or-Buy-Entscheidungen. Auch die mehr und mehr wichtiger werdende webbasierte Kommunikation und die hierfür zu planenden Abläufe können durch Prozess-Werkzeuge wirksam unterstützt werden.

Im nachfolgenden Beispiel wird der Zusammenhang zwischen den erhobenen Prozessdaten (in Form der ‚Sycat-Datenbank' im Prozessbaum und über die verschiedenen Register hinterlegt) und der grafischen Darstellung deutlich:

---

[97] Vgl. dazu Abschnitt 4.3.

[98] Aris Toolset ist ein Prozess-Werkzeug mit Schnittstellen zu kaufmännischen und eBusiness-Lösungen von der IDS Scheer AG, Postfach: 10 15 34, 66015 Saarbrücken (www.aris.de).

[99] Die integrierte Prozessmanagementsoftware SYCAT ist ein Standardwerkzeug für die systematische, datenbankgestützte Organisations- und Prozessgestaltung. Es wird angeboten von der Dr. Binner CIM-House GmbH, Schützenallee 1, 30519 Hannover (www.sycat.de).

98

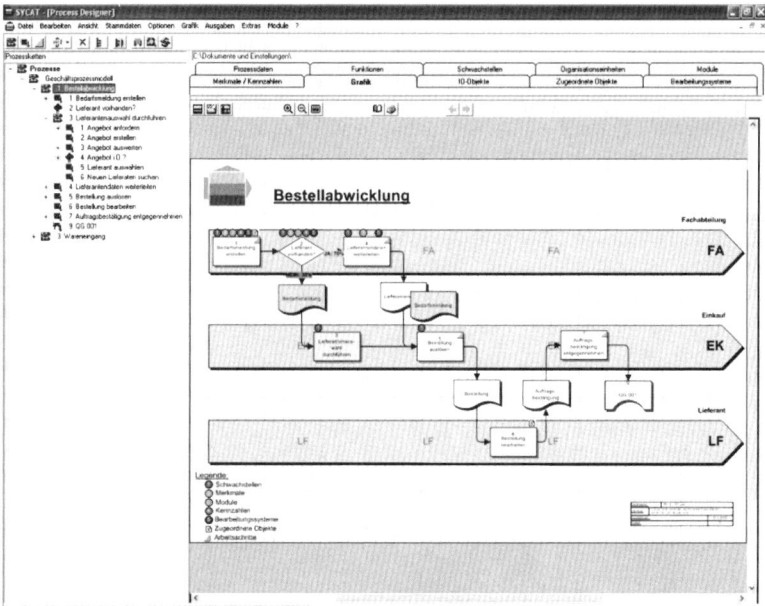

Abbildung 31: Daten der in MS Visio modellierten Prozesse werden automatisch in die SYCAT Datenbank übernommen[100]

Im Rahmen der Prozessmodellierung bieten die meisten Prozesswerkzeuge einen sehr großen Satz an bewährten Methoden zur Abbildung von Geschäftsprozessen. Damit lassen sie sich einfach an individuelle Bedürfnisse anpassen. Wesentliches Element in den Prozessmodellen ist der Kontrollfluss, der die zeitlich-logische Reihenfolge der Funktionsausführungen beschreibt.

Neben den Ereignissen, Funktionen und Verzweigungen können auch die Organisationseinheiten, Datenobjekte, Anwendungssysteme, Informationsträger und Dokumente innerhalb der Prozesse abgebildet werden. Zudem können die Prozesse über beliebig viele Hierarchieebenen detailliert werden. Einfach zu bedienende und umfangreiche Funktionen beschleunigen die Arbeit von Prozess-Designern und halten die Ergebnisse konsistent. Weil Entscheider und Prozess-Designer in vielen Unternehmen nicht die gleichen Personen sind, ist es wichtig, dass Prozess-Werkzeuge auch über entsprechende Präsentationsqualitäten verfügen.

---

[100] Quelle: Prospekt der Dr. Binner CIM-House GmbH 2007.

99

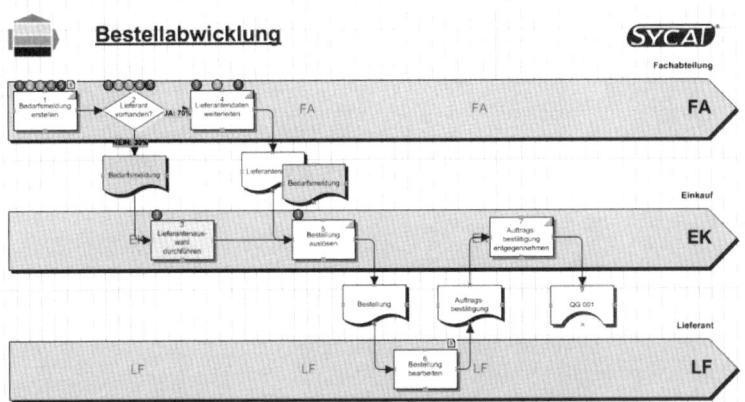

Abbildung 32: Prozessmodellierung mit SYCAT (Blockdiagramm)[101]

Mit Blick auf die Notwendigkeit der Dokumentation von Prozessen (z.B. gem. DIN ISO 9001 ff. oder insbesondere bei gefahrträchtigen Prozessen), aber auch mit Blick auf eine möglichst effiziente Prozessanalyse und -gestaltung erscheint der Ersatz herkömmlicher Verfahren mit Hilfe von physischen Dokumenten (‚Block und Bleistift') durch eine elektronische Vorgehensweise in vielen Bereichen ratsam.

In der Prozessmanagementsoftware lassen sich sehr leicht Details wie z.b. verwendete Ressourcen, Dokumente oder auch erfasste Schwachstellen und die entsprechenden Maßnahmen zu ihrer Behebung darstellen und verfolgen. Im obigen Beispiel sind diese an den Symbolen in der grafischen Darstellung des Prozesses ‚Bestellabwicklung' gut zu erkennen.

Prozess-Werkzeuge unterstützen eine Vielfalt von Aufgabenstellungen im Rahmen des Geschäftsprozessmanagements. In der nachfolgenden Abbildung wird zum Beispiel angedeutet, dass Prozesswerkzeuge mit kaufmännischen Lösungen verknüpft werden können. Der Teilprozess ‚Bestellabwicklung' lässt sich mit Ist- und Sollzeiten für verschiedene Zeitarten, wie Bearbeitungs-, Rüst- oder Transportzeit, hinterlegen. Eine automatisierte Potenzialanalyse der Zeiten lässt sich so bereits mit der Prozessmanagementsoftware erstellen. Dieses ist auch für die im Prozess anfallenden und erfassten Kosten möglich.

---

[101] Quelle: Prospekt der Dr. Binner CIM-House GmbH 2007.

100

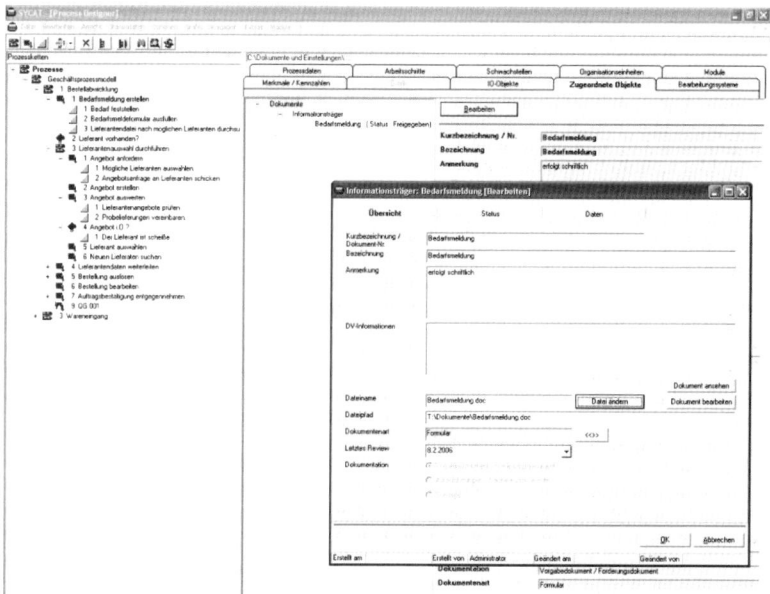

Abbildung 33: Detaillierte Hinterlegung von Informationen zu einem Prozess mit SYCAT[102]

Darüber hinaus sind Prozess-Werkzeuge (derzeit noch in Grenzen) in der Lage, modellierte Prozesse in kaufmännische und eBusiness-Lösungen zu transformieren, so dass in diesen Systemen nicht mehr ‚von Hand' programmiert, konfiguriert bzw. parametrisiert werden muss. Aris Toolset bietet zum Beispiel eine entsprechende Verknüpfung zur kaufmännischen Lösung SAP sowie zu den eBusiness-Lösungen mySAP und Intershop an. Schließlich werden Prozess-Werkzeuge auch zur Schulung der Mitarbeiter eingesetzt. Dabei spielt nicht nur die Präsentation der Prozesse in Veranstaltungen eine Rolle, sondern auch die webbasierte Darstellung im Intranet, die es dem Mitarbeiter ermöglicht, die in Frage kommenden Prozesse jederzeit nachzuvollziehen. Mit ergänzenden Dokumentenlenkungs- und Verwaltungstools (z.b. SYCAT DLV und DokWeb) lassen sich Dokumente im Unternehmen normkonform lenken. Über eine intranet-basierte Plattform werden diese den Mitarbeitern für einen schnellen, prozessorientierten Zugriff bereitgestellt.
Prozess-Werkzeuge werden in der Praxis mehr und mehr zur Voraussetzung für eBusiness, Supply Chain Management (SCM) und Knowledge Management, allgemein für Organisationsformen, die eine sorgfältige Analyse und Dokumentation, ein Redesign und eine Verbesserung

---

[102] Quelle: Prospekt der Dr. Binner CIM-House GmbH 2007.

von Prozessen bedingen. Prozess-Werkzeuge sollten nicht nur in der Lage sein, die derzeitige und künftig gewünschte Situation abzubilden, sondern sie sollten auch Hilfestellungen zur Berechnung von Prozessdauer und Ressourceneinsatz bieten, so dass sie zur Simulation und damit zur experimentellen Optimierung[103] fähig sind.

4.4.8 Stellenbeschreibungen

In einer Stelle werden die zu erfüllenden Aufgaben sachlich zusammengefasst. Die Stelle ist ein stabileres Element einer Organisationsfigur als die Person, weil es entweder in systematischen (Schichtbetrieb, Nachfolgeregelung) oder in unsystematischen (ungeplante Fluktuation) Abständen notwendig werden kann, eine Stelle mit anderen Personen zu besetzen. Bei der Neubesetzung einer Stelle erleichtert das Vorhandensein einer Stellenbeschreibung die Einarbeitung und Orientierung für alle Beteiligten. Eine Stellenbeschreibung umfasst in der Regel:

- die Benennung der Stelle des Vorgesetzten (Instanz),
- ggfs. die Benennung der Stelle(n) der direkt unterstellten Mitarbeiter,
- eine Stellvertreterregelung,
- ggfs. den Rang der Stelle (Geschäftsleitung, Abteilungsleitung, Mitarbeiterstatus),
- eine Auflistung der zu erfüllenden Aufgaben, ggfs. mit detaillierter Beschreibung und
- die erwartete Qualifikation des Stelleninhabers.

Falls andere Organisationshilfsmittel, wie Organigramme und Funktionendiagramme eingesetzt werden, ist darauf zu achten, dass eine inhaltliche Kompatibilität zwischen diesen Instrumenten hergestellt wird.

Im Zuge der Entwicklung von Beziehungsstrukturen, die das klassische ‚Oben der anweisende Chef‘ und ‚Unten der ausführende Mitarbeiter‘ zu Gunsten einer partnerschaftlichen Zusammenarbeit zwischen Vorgesetzten und Mitarbeitern verdrängt, sind Stellenbeschreibungen (aber auch Organisationshandbücher) in vielen Unternehmen in den Hintergrund getreten oder bei jungen Unternehmen (HighTech, IT) gar nicht erst entstanden.
Um durch Formalisierung dennoch die Zusammenarbeit ein Stück weit effektiver zu gestalten, werden in einigen Unternehmen neuerdings so genannte *‚Aufgabenbeschreibungen‘* eingesetzt, die äußerlich den klassischen Stellenbeschreibungen sehr ähnlich sind (, wobei bspw. die

---

[103] Der Begriff ‚experimentelle Optimierung‘ ist weit verbreitet. Auch für diesen Begriff gilt die in Fußnote 57 vorgebrachte Kritik. Vgl. dazu auch Siebenbrock, H., Managementwerkzeuge zur Verbesserung von Geschäftsprozessen, in: Distribution und Handel in Theorie und Praxis, Festschrift für D. Ahlert, Hrsg.: H. Schröder u.a., Wiesbaden 2009, S. 243 – 262, hier S. 245.

erwartete Qualifikation nicht Gegenstand der Aufgabenbeschreibung ist). Dabei kommt es aber darauf an, dass die aufgelisteten Aufgaben das Ergebnis einer partnerschaftlichen Verhandlung zwischen den Beteiligten sind. Es werden nur Aufgaben aufgelistet, die der betreffende Mitarbeiter eigenverantwortlich übernehmen will. Eine solche Aufgabenbeschreibung besteht aus einem Ordner oder Heft, dessen Deckblatt eine Übersicht der einzelnen Aufgaben mit Stellvertreterregelungen enthält. Pro Aufgabe wird dann im Detail auf einem gesonderten Blatt festgelegt, wie diese Aufgabe erledigt wird. Neben einer exakten Aufgabenbeschreibung wird dabei der Zeitbezug (täglich, monatlich, nach Bedarf usw.) genau so berücksichtigt wie die Beschreibung der einzusetzenden Mittel.

Bei einem derart praktizierten System von Aufgabenbeschreibungen, die im Rahmen von Jahresgesprächen angepasst werden können und damit dem Ansatz ‚Job Assignment‘ (vgl. Abschn. 4.3) zur praktischen Umsetzung verhelfen, spricht man auch von so genannten Zielvereinbarungen.

4.5 Vorgehensmodelle der Organisationsgestaltung

Der Organisationsprozess lässt sich wie der Management- bzw. Steuerungsprozess (vgl. dazu Abschn. 3.3) grob als Drei-Phasen-Modell beschreiben:
- Planung und Entscheidung,
- Realisation und
- Kontrolle.

„Die **Planungsphase** hat die Aufgabe, geeignete organisatorische Gestaltungen zu entwickeln und zu beurteilen."[104] Die Planungsphase umfasst folgende Planungsschritte:
- Zielformulierung,
- Erhebung der relevanten Daten,
- Analyse der beschafften Daten hinsichtlich ihrer Bedeutung für die beabsichtigte organisatorische Maßnahme,
- Alternativengenerierung,
- Alternativenbeurteilung und
- Alternativenauswahl.

Die gewählte Alternative wird in der **Realisationsphase** umgesetzt. Hierzu sind zwei Realisierungsschritte vorzunehmen:
- Im Rahmen des ‚Systembaus‘ wird die gewählte Alternative in eine konkrete, anwendbare Lösung umgesetzt.

---

[104] Weinert, Peter, Organisation, München 2002, S. 102.

- Die Lösung wird im Unternehmen eingeführt, also zur Anwendung gebracht ('Implementierung').

„In der **Kontrollphase** wird (während der gesamten Lebensdauer der realisierten Maßnahme) überprüft, ob die angestrebten Ziele (noch) erreicht werden."[105]
Die einzelnen Phasen verlaufen in der Praxis nicht zwingend in dieser idealtypischen Abfolge. Teils muss die Planungsphase mehrfach durchlaufen werden, teils kann mit der Realisationsphase schon begonnen werden, während die Planungsphase noch nicht vollständig abgearbeitet ist.
Aus diesen Überlegungen resultieren die nachfolgend dargestellten, spezifischen Vorgehensmodelle, die in der Praxis eine weite Verbreitung gefunden haben.[106]

4.5.1 Teilzyklisches Vorgehensmodell

Beim teilzyklischen Vorgehensmodell wird die **Planungsphase** vor Eintritt in die Realisierungsphase insgesamt **dreimal durchlaufen**. Die Teilphasen lassen sich als Vor-, Haupt- und Teilstudie bezeichnen. Die Teilphasen beschäftigen sich mit zunehmender Intensität und Detaillierung mit dem gleichen Gegenstand. Mit der Realisation wird erst nach vollständigem Durchlaufen der Planungsphase begonnen.

Beispielhaft könnte die Einführung bzw. Modernisierung eines Computersystems für die Abwicklung von Aufträgen[107] mit Hilfe des teilzyklischen Vorgehensmodells wie folgt bearbeitet werden:
Vorstudie (Machbarkeitsstudie): Erste Analyse der verfügbaren Software und der in Frage kommenden Prozesse sowie grobe Abschätzung von Kosten und Nutzen,
Hauptstudie: Softwareauswahl, Auswahl der Anwendungsbereiche und
Teilstudien: Prozess(re)design in den ausgewählten Prozessen unter Berücksichtigung der ausgewählten Software, zum Beispiel Gestaltung des Beschaffungs- und des Verkaufsprozesses.

Das teilzyklische Vorgehensmodell setzt bewusst auf eine vollständige planerische Durchdringung und Lösung des Gegenstandes ('Total-System-Approach'). Dies führt jedoch zu einem vergleichsweise hohen Zeitbedarf und hohen Kosten in der Planungsphase. Die Anwendung dieses Modells lohnt sich deshalb nur dann, wenn das betrachtete Orga-

[105] Weinert, Peter, Organisation, München 2002, S. 103.

[106] Vgl. Weinert, Peter, Organisation, München 2002, S. 102 – 109.

[107] Vgl. dazu auch in Abschn. 4.7 die Ausführungen zu ERP- Systemen.

104

nisationsvorhaben eine große Bedeutung für das durchführende Unternehmen hat.
Andererseits ist die Anwendung dieses Modells nur dann sinnvoll, „wenn es während der Planungsphase relativ sicher gelingt, Klarheit über das Problem und die Lösungsanforderungen zu erreichen. Probleme, die so komplex und neuartig sind, dass eine praktikable Lösung nur durch ‚trial and error‘, also durch Ausprobieren und sukzessive Verbesserung einer Lösung erreicht werden kann, sind für die Anwendung dieses Vorgehensmodells nicht geeignet."[108]

4.5.2 Abwandlungen des teilzyklischen Vorgehensmodells

Das teilzyklische Vorgehensmodell kann für kleinere und sehr große Organisationsvorhaben leicht abgewandelt werden: Die *Planungsphase* kann statt dreimal *nur noch ein- oder zweimal durchlaufen* werden, bei sehr großen Aufgaben entsprechend *mehr als dreimal*. Darüber hinaus lassen sich in Teilbereichen des Projektes die Phasen überlappend abwickeln. „Hierzu wird beispielsweise mit der Vorbereitung der Einführung bereits in der Planungsphase begonnen oder einige Teilprojekte werden bereits umgesetzt, während in anderen Teilprojekten die Planungsphase noch nicht abgeschlossen ist etc. Dem Vorteil der Projektbeschleunigung durch die zeitversetzte Bearbeitung von Teilprojekten steht jedoch das Risiko inkompatibler Insellösungen mit hohem Nachbesserungsaufwand entgegen."[109]

4.5.3 Versionenkonzept

Im Gegensatz zum teilzyklischen Vorgehensmodell wird im Versionenkonzept bewusst auf den ‚Total-System-Approach‘ verzichtet. „Bei einmaligem Durchlauf der Planungsphase wird eine Lösung erarbeitet, die bereits wesentliche Elemente der angestrebten endgültigen Lösung besitzt und umsetzbar ist, die aber noch nicht vollständig ausdifferenziert ist."[110] Diese Lösung wird dann sofort in den *‚Echtbetrieb‘* übernommen. In der Realisierungsphase wird streng auf Verbesserungs- und Erweiterungsmöglichkeiten geachtet. Diese werden nach und nach ohne erneutes Durchlaufen der Planungsphase realisiert. Die so entstandene verbesserte Version wird wiederum in den ‚Echtbetrieb‘ genommen usw. Hierdurch entstehen im Zeitablauf mehrere, sukzessive erweiterte und verbesserte Versionen der Problemlösung.

---

[108] Weinert, Peter, Organisation, München 2002, S. 104.

[109] Weinert, Peter, Organisation, München 2002, S. 105.

[110] Weinert, Peter, Organisation, München 2002, S. 106.

Hersteller von Standardsoftware arbeiten sehr häufig auf der Grundlage des Versionenkonzeptes. Textverarbeitungs-, Tabellenkalkulations- und Datenbank-Systeme, aber auch kaufmännische Software und sogar Betriebssysteme erscheinen alle paar Jahre in neuen Versionen, mit erweiterten Funktionalitäten, einer einfacheren Bedienerführung oder schlicht mit weniger Fehlern.

Das Versionenkonzept liefert vergleichsweise schneller umsetzungsfähige Lösungen als das teilzyklische Vorgehensmodell. Dieser Vorteil wird aber damit erkauft, dass die Problemlösungen anfänglich recht spärlich ausgestattet sind. Außerdem müssen die verschiedenen Versionen zueinander kompatibel gehalten werden. „Profan formuliert liegt dem Versionenkonzept der Gedanke zugrunde, dass es besser ist, relativ schnell eine anwendbare, wenn auch nicht perfekte Lösung zu haben, als extrem lange an einer ‚perfekten' Lösung zu planen, die bei Realisation bereits überholt ist."[111]

Als Beispiel kann die Einführung einer Groupware (vgl. Abschn. 4.7.3) dienen, bei der in der ersten Version allein das Mailsystem und der gemeinsame Terminkalender genutzt werden. In einer späteren Version kann die Groupware dann zu einem Customer Relationship Management ausgebaut werden, indem Statistiken und Adressen für den Außendienst sowie Besuchsberichte und Kundenbewertungen integriert werden. Schließlich lässt dieses System in einer weiteren Ausbaustufe (= Version) auch zu, dass interne Prozesse von der Urlaubsbeantragung bis hin zur Menüvorwahl in der unternehmenseigenen Kantine unterstützt werden.

4.5.4 Prototyping mit Testbetrieb

Beim Prototyping wird innerhalb der Planungsphase ein Prototyp der zukünftigen Lösung erstellt, der anschließend in einem abgegrenzten Anwendungsbereich getestet und nach und nach verbessert wird. Der Prototyp besitzt bereits wesentliche Merkmale der endgültigen Lösung, ist allerdings auf seine Kernfunktionen reduziert.

Der Prototyp wird im Gegensatz zum Versionenkonzept nicht im Echtbetrieb eingesetzt. Entsprechend gehören der Test und die Verbesserung des Prototypen noch zur Planungsphase. Erst wenn der Prototyp innerhalb der Planungsphase die nötige Reife erlangt, wird er in den ‚Echtbetrieb' übernommen.

---

[111] Weinert, Peter, Organisation, München 2002, S. 106.

106

Der Zeitbedarf ist beim Prototyping deutlich höher als beim Versionenkonzept. Auch erfordert ein länger dauernder Testbetrieb eine erhebliche
Belastung der vorhandenen Kapazitäten. Das Prototyping eignet sich
dann, wenn die angestrebte Lösung entsprechend komplex, neuartig
und/oder auch risikobehaftet ist. Prototyping wird insbesondere dann
eingesetzt, wenn ein hoher Anspruch an die Sicherheit der Lösung
gestellt werden muss. Bevor beispielsweise Banken die Internetüber-
weisung (,ebanking', ,Internet-Banking') eingeführt haben, wurde sie im
abgesicherten Bereich ausgiebig getestet. Dies gilt auch heute noch für
Änderungen dieses Verfahrens, die immer noch an der Tagesordnung
sind.

4.6 Unterstützende Techniken der Organisationsge-
staltung

Die nachfolgend beschriebenen Techniken der Nummerung und der Systemsicherung tragen dazu bei, das Organisationsgebilde zu stabilisieren.

4.6.1 Nummer(ier)ung

„Die Nummerung umfasst alle Kennzeichnungen, die ohne die Benutzung
von Namensbegriffen auskommen."[112] Sie wird auch als Verschlüsselung
(oder Schlüsseleinsatz) bezeichnet.

Eine Nummer kann aus Ziffern, Buchstaben und/oder Sonderzeichen be-
stehen. Üblicherweise werden in der Praxis unter anderen folgende
Elemente mit Nummern belegt:
* Kunden erhalten eine Kundennummer,
* Mitarbeiter erhalten eine Mitarbeiternummer,
* Lieferanten erhalten eine Lieferantennummer,
* Artikel erhalten eine Artikelnummer,
* Kostenstellen erhalten eine Kostenstellennummer,
* Bestellungen haben eine Bestellnummer usw.

Bei der Gestaltung betrieblicher Nummernsysteme sollten folgende Regeln eingehalten werden:[113]
* Die Eindeutigkeit fordert, dass eine Nummer nur einmal vergeben
  werden darf.

---

[112] Olfert, Klaus, Steinbuch, Pitter A., Organisation, Kompendium der praktischen Betriebswirtschaft, 13. Auflage, Ludwigshafen 2003, S. 369.

[113] Vgl. Olfert, Klaus, Steinbuch, Pitter A., Organisation, Kompendium der praktischen Betriebswirtschaft, 13. Auflage, Ludwigshafen 2003, S. 370.

- Die Kürze fordert dazu auf, die Nummern aus folgenden Gründen so kurz wie möglich ausfallen zu lassen:
  - Minimierung des Arbeitsaufwandes,
  - bessere Merkfähigkeit und
  - Verminderung der Fehlerwahrscheinlichkeit.
- Die Nummernreserve sollte groß genug sein, um zukünftigen Erfordernissen zu genügen.
- Eine Lesehilfe unterstützt die Erfass- und Lesbarkeit von Nummern. Nach zwei oder drei Nummernzeichen kann zum Beispiel ein Trennungszeichen eingegeben werden.
- Die Stelleneinheitlichkeit (also eine definierte Stellenanzahl) trägt dazu bei, Fehler leichter zu erkennen. Außerdem unterstützt sie Sortierungsvorgänge der Datenverarbeitung.

Folgende Nummernarten sind zu unterscheiden:

Identnummer: Die Identnummer dient ausschließlich der Kennzeichnung eines Objektes. Deshalb muss die Eindeutigkeit der Nummern eingehalten werden. Die Identnummer wird auch gern *nichtsprechende Nummer* genannt. Als Identnummer kann jede willkürlich vergebene Nummer benutzt werden. Häufig wird jedoch eine Zählnummer verwendet. „Die Vergabe von Identnummern kann auf verschiedene Weise erfolgen:

- lückenlose Ausgabe von Zahlen,
- Vergabe mit definierten Lücken,
- zufallsbedingte Nummernzuordnung."[114]

Klassifikationsnummer: „Bei der Klassifikationsnummer werden bestimmende Merkmale der Nummerungsobjekte in der Nummer ausgewiesen. Deshalb wird sie auch als *sprechende Nummer* bezeichnet. Voraussetzung ist, dass das System und die Merkmale der Klassifizierung bekannt sind."[115]

Automobilhersteller benutzen zur Bezeichnung ihrer Modelle Klassifikationsnummern, z. B. A3, A4 und A6 für die Standardversion, S4 und S6 für die Sportversion beim Hersteller Audi.

In der nachfolgenden Abbildung findet sich ein Beispiel aus der Holzwerkstoffbranche. Mitarbeiter, denen die Klassifikationsschlüssel bekannt sind, können in der bloßen Ziffernfolge den fraglichen Holzwerkstoff erkennen.

---

[114] Olfert, Klaus, Steinbuch, Pitter A., Organisation, Kompendium der praktischen Betriebswirtschaft, 13. Auflage, Ludwigshafen 2003, S. 371.

[115] Olfert, Klaus, Steinbuch, Pitter A., Organisation, Kompendium der praktischen Betriebswirtschaft, 13. Auflage, Ludwigshafen 2003, S. 372.

108

1. Stelle	Materialart:	
	Spanplatte	1
	MDF-Platte	2
2.-9. Stelle	Flächenmaß in mm	
10-11. Stelle	Dicke in mm	
Beispiele:	Spanplatte, 2,40 x 1,90m, 19mm dick	12400190019
	MDF-Platte, 2,40 x 3,80m, 22mm dick	22400380022

Abbildung 34: Nummernsystem für Holzwerkstoffe

„Die **Verbundnummer** besteht aus einem klassifizierenden und einem identifizierenden Teil. Dabei ist der identifizierende Nummernteil von dem Klassifizierungsteil abhängig. Das bedeutet, dass für jede Klassifizierungsvariante eine eigene Identifizierungsreihe begonnen wird." [116]

Als Beispiel kann ein deutsches Automobilkennzeichen dienen. Dabei klassifiziert der erste Teil des Kennzeichens den Standort des Fahrzeugs. Als weiteres Beispiel ist die Europäische Artikel-Nummer (EAN), auch als Barcode zum Zwecke der Lesbarkeit durch Scanner bekannt, zu nennen:

Die EAN-13 hat folgenden Aufbau:

Internationale Artikelnummer (EAN-13)		
Basisnummer	individuelle Artikelnummer	Prüfziffer
40 13320	01969	6
40: Deutschland; 13320: GEPA, Wuppertal; 01969: Bio Café Orgánico Bohne 250g		

Abbildung 35: Verpackung von fair gehandeltem Kaffee des Importeurs GEPA mit EAN

Die EAN besteht also aus zwei Klassifizierungen (Herstellerland, Hersteller), die in Deutschland die GS1 Germany (ehemals: Centrale für Coorganisation (CCG)) in Köln vergibt, und einer Identifizierung für den Artikel,

---

[116] Olfert, Klaus, Steinbuch, Pitter A., Organisation, Kompendium der praktischen Betriebswirtschaft, 13. Auflage, Ludwigshafen 2003, S. 373.

die der Hersteller selbst vergibt. Auf die in der EAN ebenfalls integrierte Prüfziffer wird weiter unten eingegangen.

4.6.2 Systemsicherung

Damit die entworfenen Organisationsgebilde tatsächlich dem Charakter einer auf Dauer angelegten Lösung entsprechen, sind entsprechende Sicherungsmaßnahmen einzuführen. Sicherungsmaßnahmen sollen darüber hinaus sicherstellen, dass es innerhalb der Organisationsgebilde, wobei hier im Wesentlichen standardisierte Prozesse gemeint sind, weder zu Fehlern noch zu Fehlentwicklungen kommt.

Prüfziffern dienen dazu, dass bei der Erfassung von Nummern keine Fehler unterlaufen. Mit Hilfe eines Rechenverfahrens (,Algorithmus') werden die Zeichen einer Nummer berechnet und dann mit einer (oder mehreren) Prüfziffern verglichen. Ein einfaches Prüfziffernverfahren besteht beispielsweise darin, dass die Prüfziffer einer Nummer angehängt wird, wobei sie der letzten Ziffer der Quersumme einer Nummer entsprechen möge:

Artikelnummer ohne Prüfziffer: 4711
Quersumme: 4+7+1+1 = 13
letzte Ziffer der Quersumme: 3
Artikelnummer mit Prüfziffer: 47113

Würde nunmehr in einem computergestützten System die Artikelnummer 47114 erfasst, müsste das System eine Fehlermeldung anzeigen, da offensichtlich eine falsche Artikelnummer eingegeben wurde.
Auch die weiter oben angesprochene Europäische Artikel-Nummer (EAN) ist mit einer Prüfziffer an der letzten Stelle der Artikelnummer ausgestattet, wobei allerdings der Algorithmus komplizierter gestaltet ist, damit die Fälschung und Manipulation von Artikelnummern erschwert wird. Der Prüfziffernalgorithmus der EAN-13 ist wie folgt definiert:

1. Von rechts nach links werden die Stellen abwechselnd mit 3 und 1 gewichtet.
2. Die jeweiligen Produkte aus den beiden Zahlen werden berechnet und summiert.
3. Die Prüfziffer ist der volle Rest zur nächsthöheren durch 10 teilbaren Zahl (,Modulo 10').

Für das oben erwähnte Beispiel des fair gehandelten Kaffees ergibt sich somit folgende Berechnung:

110

												3. Summe	4. Differenz
EAN-13	4	0	1	3	3	2	0	0	1	9	6	9		
1. Gewichtung	1	3	1	3	1	3	1	3	1	3	1	3		
2. Multiplikation	4	0	1	9	3	6	0	0	1	27	6	27	84	90 - 84 = 6

Abbildung 36: Prüfziffernalgorithmus für die EAN

Kontrollsummen kommen in der Regel dort zum Einsatz, wo arbeitsteilig mit Betragsangaben und Mengenangaben gearbeitet wird. „Bei jedem Arbeitsgang wird die Summe eines oder mehrerer bestimmter Daten des weitergegebenen Arbeitsstapels gebildet und mit der mitgelieferten Kontrollsumme verglichen.

Besonders bei Arbeitserledigung mit Hilfe der Datenverarbeitung wird dieses Sicherungsverfahren angewandt, das auch als Abstimmtechnik bekannt ist. Es ist jedoch auch bei manuellen Arbeitserledigungen üblich. Die einfachste Form ist die **Summenbildung über die Belegzahl**. Außerdem kommen folgende Summenarten in Betracht:

* Betragssummen,
* Datumssummen,
* Mengensummen und/oder
* Nummernsummen."[117]

Beispiel: Am Ende eines Arbeitstages wird im stationären Einzelhandel ‚die Kasse abgeschlagen': Es wird kontrolliert, ob der Kassenbestand mit der Buchungssumme der Registrierkasse oder des Warenwirtschaftssystems (bzw. ERP-Systems) übereinstimmt.

Gewichtskontrolle: Es ist weitverbreitet, in den Artikelstammdaten eines Datenverarbeitungssystems auch das Gewicht eines Artikels zu verwalten. Mit Hilfe dieser Angabe kann eine für einen Kunden zusammengestellte Sendung (Kommission) überprüft werden, indem das tatsächliche Gewicht mit dem aus den Mengenangaben des Lieferscheines zu errechnenden Gewicht verglichen wird.

Diese Technik kommt auch in Geschäften des stationären Einzelhandels zum Einsatz, wenn der Kunde die Ware selbst einscannt (Selfscanning).

Folgekontrollen werden eingesetzt, um die Lückenlosigkeit sicherzustellen. Zum Beispiel wird in einem der Grundsätze ordnungsgemäßer Buchführung gefordert, dass Belegnummern lückenlos zu vergeben sind. „Folgekontrollen können z.B. durchgeführt werden mit:

* fortlaufenden Nummern der Formulare,
* Einsatz von zu beschaffenden Paginierstempeln,

---

[117] Olfert, Klaus, Steinbuch, Pitter A., Organisation, Kompendium der praktischen Betriebswirtschaft, 13. Auflage, Ludwigshafen 2003, S. 376.

- fortlaufender Nummernvergabe durch Büromaschinen oder EDV-Anlagen. "[118]

Doppik: Die doppelte Buchführung ist ein Paradebeispiel für ein logisch geschlossenes, sich selbst kontrollierendes Verrechnungssystem. Denn der Periodenerfolg wird in der Bilanz und der Gewinn- und Verlustrechnung (GuV) doppelt errechnet.

Die Doppik lässt sich auch bei „anderen prozessorganisatorischen Systemen einsetzen, z. B. bei der Lohnabrechnung.

Nettolohn 1	+ Abzüge 1	= Bruttolohn 1
Nettolohn 2	+ Abzüge 2	= Bruttolohn 2
. . .		
. . .		
. . .		
Σ Nettolöhne	+ Σ Abzüge	= Σ Bruttolöhne

Abbildung 37: Lohnabrechnung als Doppik

Wie das Beispiel zeigt, eignen sich alle Tabellenrechnungen für Systemsicherungen mit der Doppik." [119]
Auch das so genannte ‚Vier-Augen-Prinzip' ist der Doppik zuzuordnen. Dabei werden bestimmte Prozessschritte (wie zum Beispiel die Rechnungsprüfung) bewusst von zwei Personen nacheinander durchgeführt.

Plausibilitätsprüfungen: In Datenverarbeitungssystemen wird der Grundsatz, dass keine Dateneingabe ohne Prüfung erfolgen darf, sehr häufig umgesetzt. Oft lässt sich die Richtigkeit eines Datums mit Hilfe einer Plausibilitätsprüfung sichern, die eine Kontrolle auf formale und logische Richtigkeit eines Datums ist.

„Beispiele für Plausibilitätsprüfungen sind:
- Zeichenartkontrolle, bei der zu prüfen ist, ob eine vorgegebene Zeichenart ausschließlich benutzt wird, z. B. ob nur Ziffern vorhanden sind.

---

[118] Olfert, Klaus, Steinbuch, Pitter A., Organisation, Kompendium der praktischen Betriebswirtschaft, 13. Auflage, Ludwigshafen 2003, S. 377.

[119] Olfert, Klaus, Steinbuch, Pitter A., Organisation, Kompendium der praktischen Betriebswirtschaft, 13. Auflage, Ludwigshafen 2003, S. 377.

112

- Feldlängenprüfung, bei der festgestellt wird, ob ein Datum auch die vorgegebene Stellenzahl umfasst oder die Postleitzahl tatsächlich fünfstellig ist.
- Feldinhaltzuordnung, bei der geprüft wird, ob das eingegebene Datum dem gespeicherten Datum entspricht, z. B. wird die eingegebene Maßeinheit eines Artikels mit der im Artikelstammsatz gespeicherten Maßeinheit verglichen.
- Grenzwertprüfung, bei der zu kontrollieren ist, ob ein eingegebenes Datum innerhalb von Grenzwerten liegt. Haben Halbfabrikatenummern immer als erste Stelle eine 7, so wird festgestellt, ob die Halbfabrikatenummer zwischen 70.000 und 79.999 liegt.
- Aktualitätsprüfung, bei der geprüft wird, ob das eingegebene Datum innerhalb bestimmter Toleranzgrenzen liegt. Ein Tagesdatum wird z.B. dann als richtig angenommen, wenn es nicht in der Zukunft liegt und nicht älter als eine Woche ist."[120]
- Untereinstandspreiswarnungen zeigen dem Verkäufer, dass er beabsichtigt, einen Artikel unter dem Einkaufspreis zu verkaufen.

4.7 Einsatz der Datenverarbeitung (DV) als Handlungsrahmen für die Organisationsgestaltung

Die im Unternehmen eingesetzten Datenverarbeitungssysteme bestimmen die Ausgestaltung der *Organisation* ganz erheblich, so dass Organisation *nicht allein aktives Tun* bedeutet, *sondern* oftmals auch eine *Reaktion auf eine neue oder veränderte DV-Infrastruktur* darstellt. Aufgrund ihrer mittlerweile weiten Verbreitung können Datenverarbeitungssysteme deshalb auch als Handlungsrahmen der Organisationsgestaltung angesehen werden. Die wichtigsten DV-Systeme werden nachfolgend kurz vorgestellt:

4.7.1 ERP (Enterprise Resource Planning)-Systeme

ERP (Enterprise Resource Planning)-Systeme unterstützen den effizienten Einsatz der Produktionsfaktoren (Ressourcen). Wie aus der nachfolgenden Abbildung deutlich wird, wurden ERP-Systeme für Handelsunternehmen zunächst als Warenwirtschaftssysteme (WWS) bezeichnet, während entsprechende EDV-Lösungen für Industrieunternehmen mit dem Begriff Produktionsplanungs- und Steuerungssystem (PPS), gelegentlich auch Produktionsprogramm-Steuerungs-System, belegt wurden.

---

[120] Olfert, Klaus, Steinbuch, Pitter A., Organisation, Kompendium der praktischen Betriebswirtschaft, 13. Auflage, Ludwigshafen 2003, S. 378.

Die begriffliche Unterscheidung von WWS und PPS deutet darauf hin, dass die Anforderungen in Industrie und Handel an eine Software, die den Ressourceneinsatz verbessern soll, sehr unterschiedlich sind. Während in Industrieunternehmen zum Zwecke der Fertigungssteuerung der Zusammenhang von Input und Output in Form so genannter Stücklisten zwingend abgebildet werden muss, ist dies in Handelsunternehmen praktisch nicht erforderlich. Hingegen hat es der Handel tendenziell mit einer höheren Komplexität im Einkauf (Warenvielfalt), im Verkauf (Kundenvielfalt), in der Distribution (Betriebsstättenvielfalt) und mithin mit einer höheren Komplexität in der Bestandsführung zu tun.

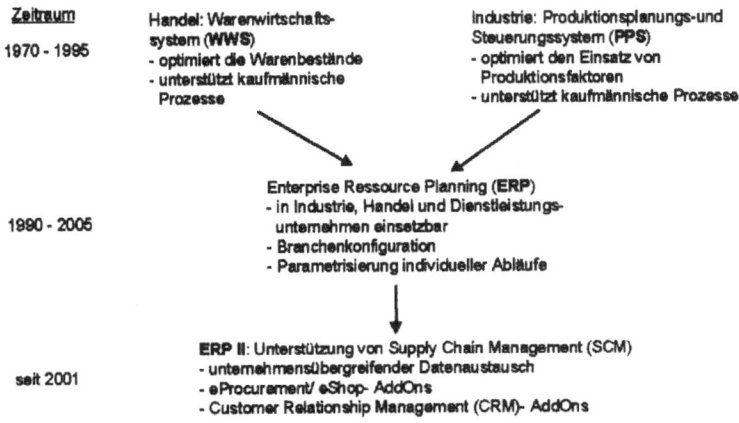

Abbildung 38: Entwicklungsstufen von ERP-Systemen

Kernelement von WWS und PPS ist die Unterstützung bei der Ermittlung der Bestellmenge und des Bestellzeitpunktes. Dabei ermittelt das System aus Vergangenheitsdaten die entsprechenden Werte, die dann vom Mitarbeiter unter Hinzufügung ggfs. zusätzlich verfügbarer Informationen in eine entsprechende Bestell-Entscheidung umgesetzt werden: Das System zeigt die Notwendigkeit einer Nachbestellung an, wenn die Meldemenge erreicht oder unterschritten wird. „Die Meldemenge setzt sich zusammen aus dem Sicherheitsbestand und der Menge, die zur Überbrückung der Wiederbeschaffungszeit benötigt wird."[121]

PPS und WWS erleichtern die Bestellmengenentscheidung im Rahmen der lagerorientierten Fertigung mit Hilfe stochastischer Verfahren. PPS unterstützen darüber hinaus auch die auftragsorientierte Fertigung. Hier werden die Arbeitsschritte und der Einsatz der Produktionsmittel

---

[121] Berning, Ralf, Grundlagen der Produktion, Berlin 2001, S. 187.

(Maschinen) geplant und zunehmend auch die Bestellung der Materialien erst mit dem Auftragseingang ausgelöst. PPS umfassen darüber hinaus auch Verfahren, mit denen Kapazitätsengpässe berücksichtigt werden.

Seit Beginn des neuen Jahrtausends ist auch der Begriff ERP II (- also ERP-Systeme der zweiten Generation -) populär. Während die einfachen ERP-Systeme darauf abzielten, den Ressourceneinsatz innerhalb eines Unternehmens zu steuern, sind ERP II- Systeme darüber hinaus in der Lage, den Ressourceneinsatz zwischen den Unternehmen zu steuern. Dazu setzen die Unternehmen auf einen automatisierten Datenaustausch, der beispielsweise die Erfassung einer Bestellung überflüssig macht, wenn diese selbst als digitale Information vorliegt. Die besondere Herausforderung besteht in diesem Zusammenhang darin, Schnittstellen festzulegen, die eine übergreifende Kommunikation der Systeme, insbesondere auch fremder Systeme, ermöglicht.

Durch den Einsatz von Informations- und Kommunikationstechnologien in der Fertigung werden effektive und effiziente Fertigungsabläufe ermöglicht. Einzelne Beschaffungsfunktionen werden dabei in computerunterstützte Fertigungssysteme integriert, um den Material- und Informationsfluss der Fertigung zu unterstützen. Zum Beispiel lösen spezielle Messinstrumente automatisch eine Bestellung aus. So soll sichergestellt werden, dass die Steuerung des gesamten Materialflusses bedarfssynchron erfolgt; mithin werden Lagerpuffer deutlich reduziert.

Darüber hinaus sind auch organisatorische und steuerungstechnische Maßnahmen erforderlich. Vertragliche Vereinbarungen mit Lieferanten sollen zum Beispiel sicherstellen, dass die auf die automatisierte Bestellung folgende Lieferung im Rahmen festgelegter Standards erfolgt, so dass es keinesfalls zu Produktionsstillständen kommt. Eine derartige Zusammenarbeit wird erst durch den unternehmensübergreifenden Einsatz der Informationstechnologie möglich. Die Voraussetzung dafür ist, dass Bedarfsermittlung und -spezifikation vom PPS (Produktionsplanungs- und Steuerungssystem) übernommen werden.

In der nachfolgenden Abbildung ist dargestellt, welche Informationssysteme im Produktionsbereich zusammengeführt werden können. Der linke Ast zeigt die primär betriebswirtschaftlichen Planungs- und Steuerungsfunktionen, während der rechte Ast auf die technischen Planungs- und Steuerungsfunktionen abstellt. Im Rahmen der hier zu behandelnden betriebswirtschaftlichen Fragestellungen mag es zunächst genügen, den linken Ast zu betrachten.

Diese Abbildung ist am leichtesten vor dem gedanklichen Hintergrund einer sukzessiven Einzelfertigung verständlich: Der Vertrieb holt Aufträge herein und bringt sie in eine aus Kundensicht gewünschte Produktionsreihenfolge. Daraufhin wird eine Kalkulation dieses Auftrages mit der

Option der Ablehnung durchgeführt. Es schließt sich die ‚Planung des Primärbedarfs', also der Materialien, die nur für dieses Produkt notwendig sind, an. Es wird davon ausgegangen, dass der Sekundärbedarf (z.b. C-Teile, die auch in anderen Produkten verwendet werden) bevorratet ist. Hieran schließt sich die Materialbeschaffung an. Schließlich wird anhand der vorhandenen Kapazitäten (Menschen, Maschinen) die genaue Fertigung terminiert. Gegebenenfalls werden kurzfristig zusätzliche (externe) Kapazitäten beansprucht.

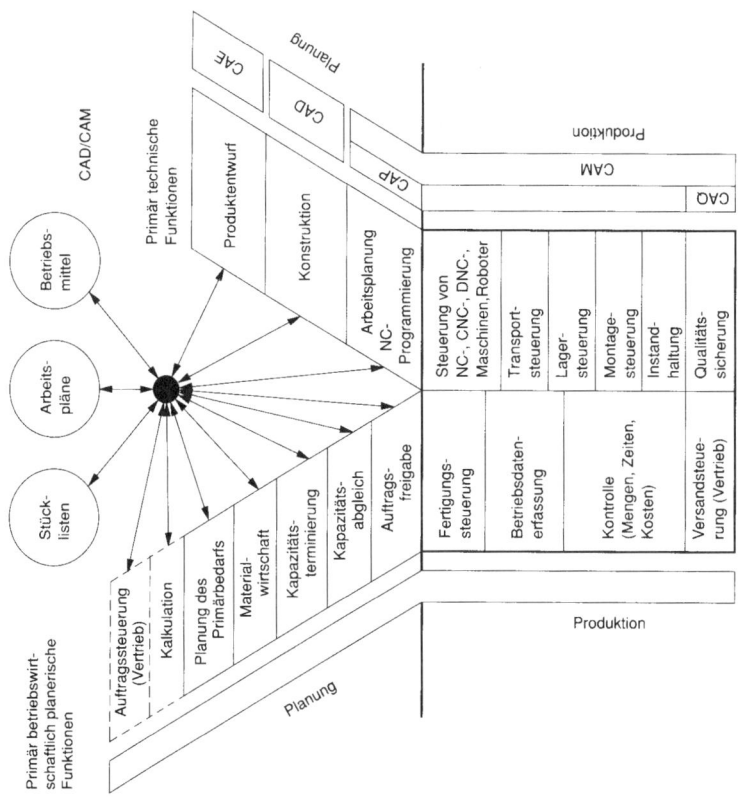

Abbildung 39: Informationssysteme im Produktionsbereich nach Scheer[122]

---

[122] Quelle: Bleicher, Knut, Organisation, Strategien – Strukturen – Kulturen, 2. Aufl., Wiesbaden 1991, S. 236.

116

Die nunmehr abgeschlossene Planung, die informatorisch auf die Stück-
liste, Arbeitspläne und auf vorhandene Betriebsmittel (Kapazitäten) zu-
rückgreift, stellt eine bindende Vorgabe der nun erfolgenden Produktion
dar. Die Produktionssteuerung befasst sich mit der Integration der Fertigungsstufen, die Betriebsdatenerfassung registriert den Material- und
Zeitverbrauch, Abweichungsanalysen (Kontrollen) sorgen dafür, dass im
Rahmen eines für wirtschaftlich gehaltenen Korridors (- auf dem die
Kalkulation fußt -) produziert wird. Es schließt sich der Versand des
produzierten Gutes an.

PPS haben vor allem die Welt der Arbeitsvorbereitung verändert. Die
effiziente Produktion kleinerer Serien und Losgrößen wird hierdurch
ermöglicht. Auf diese Weise kann exakter auf Markterfordernisse eingegangen werden. Aber auch die Verringerung der Bestände in Zwischen-
und Absatzlägern, die systematische Verbesserung des Einsatzes von
Mensch und Maschine (incl. Berücksichtigung von Verschleiß-
erscheinungen) wird durch den Einsatz von PPS besser möglich, weil
eine Fülle von relevanten Informationen „real time" (also sofort und
gleichzeitig) verarbeitet werden können..

Eine Weiterentwicklung von PPS ist im Computer Aided Manufacturing
bzw. Computer Integrated Manufacturing zu sehen, das im rechten Ast
der Abbildung angedeutet wird. CIM bzw. CAM liegt der Anspruch zu
Grunde, auch konstruktive Arbeiten (Computer Aided Design / CAD) und
sogar vertriebliche Tätigkeiten in das System einzubinden. Christian
Helfrich berichtet, dass CIM allerdings nirgendwo auf der Welt funktioniert
und damit die Erwartungen nicht erfüllt hat: „Der Grund sind wohl der
Totalitätsanspruch von CIM und die Unmöglichkeit, die zum Betrieb
erforderlichen Daten stets und dabei in vertretbarem Aufwand aktuell zu
halten. Aber auch die totale Abwesenheit der handelnden Personen,
nämlich der Mitarbeiter, war sozusagen ein Killerfaktor. Man baute ein
Totalsystem ohne Menschen (...). Der Mensch und seine Fähigkeiten
waren nicht (mehr) gefragt. (...) CIM hat (...) ein Gesamtmodell des Be-
triebsgeschehens verlangt und bekommen. Die betriebliche Wirklichkeit
ist allerdings immer stärker als der Anspruch irgendeines Modells, selbst
die extrem datenreichen CIM-Modelle waren überfordert. (...) Dennoch hat
sich an der Konzeption des ‚Abbildens' und der ‚Penetration des Betriebs-
geschehens' durch höchstmöglichen EDV-Einsatz nicht viel geändert. Nur
langsam wird die Gegenbewegung als tragfähiges Konzept anerkannt."[123]

Mit Hilfe von ERP-Systemen werden auch die kaufmännischen Stan-
dardprozesse im Einkauf und im Vertrieb unterstützt. Kaufmännische
Standardsoftware umfasst vertriebsseitig mindestens
• das Erstellen von Angeboten,

---

[123] Helfrich, Christian, Praktisches Prozess- Management, München/ Wien 2001, S. 13f..

- die Erfassung von Aufträgen,
- die Erstellung interner Aufträge / interner Lieferscheine / Kommis-sionsscheine,
- die Erstellung von Lieferscheinen,
- die Erstellung von Rechnungen,
- den Abgleich der Offenen Posten / Feststellung des Zahlungseingangs und
- die Erstellung von Mahnungen.

Bei allen Verrichtungen werden überwiegend die gleichen Daten verwendet. Die Verrichtungen unterscheiden sich im Wesentlichen dadurch, dass sie in der obigen Reihenfolge nach und nach den nächsten Status annehmen. Das Überspringen eines Status ist in einigen Fällen möglich. Bei jedem Status kommen Informationen hinzu, es können aber auch Informationen geändert (bei genügend Speicherplatz niemals: weggelassen) werden. Die meisten DV-Programme sind so strukturiert, dass der jeweilige Vorgang bei Statusänderung entsprechend markiert wird: Ein vom Kunden angenommener Auftrag bekommt das Status-kennzeichen ‚Auftrag'; ein Auftrag bekommt kurz vor oder während der Verladung das Statuskennzeichen ‚Lieferschein' etc.; Informations-veränderungen von Status zu Status werden dokumentiert.

Neben der Reduzierung des Ressourceneinsatzes (‚Bestandsführung') und der Unterstützung kaufmännischer Standardfunktionen im Einkauf und im Vertrieb werden von vielen Programmen weitere kaufmännische Funktionen und Bereiche unterstützt. Zu ihnen zählen:

- das Reklamationswesen,
- das Controlling,
- die Liquiditätsüberwachung und
- der Personaleinsatz.

Während kaufmännische Software früher individuell für das einzelne Unternehmen erstellt wurde, greift man heute überwiegend auf Standard-Software zurück. Die genaue Einstellung auf das jeweilige Unternehmen erfolgt dann nicht mehr bzw. nur selten durch ‚harte' Programmierung, sondern durch eine Parametrisierung bzw. Konfiguration. Dies erlaubt, dass im Falle eines Release-Wechsels (neue Version der Software) die unternehmensbezogenen Daten nicht neu eingestellt oder gar erfasst werden müssen. Im Zusammenhang mit kaufmännischer Software sind beispielhaft folgende Software-Produkte zu nennen:

- SAP,
- People Soft,
- Oracle,
- Microsoft Dynamics NAV (früher: Navision) und
- Lexware.

118

4.7.2 Dokumentenmanagement

Dokumentenmanagement betrifft nicht allein Dokumente, die in Papierform vorliegen. Vielmehr benötigen auch elektronische Informationssysteme, wie die weiter oben behandelten ERP-Systeme Datencontainer, in die in regelmäßigen Abständen ältere Daten hineingegeben und vor Veränderung geschützt werden ('Dokumentationsfunktion'). Dies trifft auch für einfache eMail-Systeme, für elektronisch erstellte Office-Dokumente (Textverarbeitung, Tabellenkalkulation) und für die weiter unten behandelte Groupware zu.

Im Gegensatz zur herkömmlichen, zeitintensiven Ablage und Recherche von Dokumenten in Papierform bietet die elektronische Archivierung diverse Vorteile im täglichen Geschäftsablauf, wie z. B.:
*   Möglichkeit zum sofortigen Auffinden eines bestimmten Beleges durch Indexsuche oder Volltextrecherche (nur bei maschinenlesbaren Informationen, so genannten 'Coded Informations' (CI) möglich),
*   räumlich 'platzsparende' Ablage,
*   direkter Zugriff auf 'Originaldokumente', z. B. bei Reklamationen,
*   Möglichkeit zur parallelen Einsicht eines Dokumentes durch mehrere Mitarbeiter,
*   Reproduzierbarkeit von Originalbelegen,
*   Recherchemöglichkeit von jedem Mitarbeiterplatz aus und
*   archivierte Historie durch Mehrfacharchivierung eines Beleges.

In jüngster Zeit wird das Dokumentenmanagement zum 'Business Knowledge Management' (= Wissensmanagement) ausgebaut. „Wenn Siemens wüsste, was Siemens weiß", ist eine in diesem Zusammenhang oft verwendete Floskel. Gemeint ist damit, dass die Unternehmen das vorhandene Wissen eines Unternehmens so aufbereiten sollten, dass der Anwender zur richtigen Zeit auf dieses Wissen zurückgreifen kann.

Softwarefirmen aus dem Dokumentenmanagement leisten ihren diesbezüglichen Beitrag dahingehend, dass intelligente Suchmaschinen entwickelt werden, die nicht nur Begriffe finden, sondern auch ganze Kontexte 'erlesen' können. Im nächsten Kapitel 5 wird der Aspekt 'Wissensmanagement' im Rahmen der Erörterung dessen, dass sich moderne Unternehmen zu lernenden Organisationen entwickeln müssen, noch einmal inhaltlich aufgegriffen.

4.7.3   Groupware und Workflow

Vorgänge wurden früher akten- und formulargestützt an die jeweils zuständigen Stellen geleitet. Der Kontoeröffnung bei einer Bank schließen sich intern viele Aufgaben an, die von unterschiedlichen Personen bzw. Stellen, in unterschiedlichen Teams und sogar in unterschiedlichen Abteilungen erledigt werden (müssen). Der Antrag auf Kontoeröffnung wird von einer zweiten Person geprüft, bevor das Konto im DV-System tatsächlich eröffnet werden kann. Die Erstellung von EC-Karte und Kreditkarte, die Einrichtung von Telefon- und Internetbanking schließen sich ggfs. an. Während die Akte früher in einer bestimmten, durch ein Formular vorgegebenen Reihenfolge weitergereicht wurde, lässt sich dieser Vorgang heute elektronisch gestützt mit Hilfe von Groupware steuern. Voraussetzung ist, dass alle notwendigen Dokumente digitalisiert vorliegen (vgl. Dokumentenmanagement).

Nach Abschluss eines Teilvorgangs hat sich der Bearbeiter nicht mehr darum zu kümmern, dass die Akte zum nächsten Bearbeiter gelangt. Dies geschieht automatisch. Dabei ordnet die Groupware für den Fall, dass mehrere Bearbeiter in der nächsten Vorgangsstufe in Frage kommen, die Aufgabe nach bestimmten Kriterien (z.B. Arbeitslast) dem ‚richtigen‘ Bearbeiter zu. Der Bearbeiter selbst bekommt nicht mehr, wie früher, die gesamte Akte, sondern nur noch den für seinen Zuständigkeitsbereich notwendigen Teil. Darüber hinaus lassen sich Teilarbeitsschritte, die früher nacheinander abgearbeitet wurden, parallelisieren, ohne dass Kopien des Vorgangs erstellt werden müssen.

Um solche Geschäftsprozesse zu „elektronifizieren", bedarf es einer genauen Analyse der herkömmlichen Prozessstruktur. Die Analyse und die Beschreibung des neuen Ablaufs kann mit Hilfe der vorher behandelten Prozess-Werkzeuge geschehen (vgl. auch Abschnitt 4.4.7). Durch Integration von Prozesswerkzeugen und Groupware lässt sich sogar die Umsetzung der Ideen beschleunigen, indem der Ablauf des Prozesswerkzeuges an die Groupware übergeben wird, und diese sich auf Basis der Vorgaben des Prozesswerkzeuges selbst konfiguriert.

Groupware ist ein ideales Werkzeug, die oben beschriebenen Vorgänge mit Hilfe von Workflows zu elektronifizieren. Groupware unterstützt darüber hinaus auch den ‚freien Umgang‘ der Mitarbeiter untereinander durch die Integration von eMail-Grundfunktionalitäten, Calendaring (gemeinsamer Terminkalender), Ressourcenplanung (Raum, Poolfahrzeuge etc.) sowie von Datenbankinformationen (Kundendaten, Lieferantenadressen etc.).

Kernstück der Unterstützung des ‚freien Umgangs‘ der Mitarbeiter ist der gemeinsame, elektronische Terminkalender. Mit ihm lassen sich Besprechungen ohne viel Aufwand (bspw. eine Sekretariats) elektronisch

120

abstimmen, Ressourcen wie Fahrzeuge aus dem Firmenpool und Besprechungsräume buchen. Ein ausgeklügeltes System von Zugriffsrechten sorgt dafür, dass die Intimsphäre der Mitarbeiter gewahrt bleibt. Die integrierte Mailfunktion wird auch für die Terminabstimmung genutzt. Gefundene freie Termine werden nicht einfach im gemeinsamen Terminkalender blockiert, sondern über elektronische Einladungen miteinander vereinbart.

Ergänzt wird Groupware um ein Adressbuch, in dem Firmenadressen sowie eigene Adressen für notwendige Korrespondenz gespeichert werden können. Auswahlmenüs steuern den Informationsversand: Reicht die Mail-Übermittlung einmal nicht, kann der Versand von Informationen auch über Fax oder den konventionellen Brief erfolgen. Genauso lassen sich umgekehrt Papierinformationen digitalisieren und in die Groupware integrieren.

Schließlich enthält Groupware auch die wesentlichen Elemente eines Zeit-Management-Systems. Es können nicht allein exakt termingebundene Aufgaben eingetragen werden, sondern auch solche Aufgaben, die noch Zeit haben. Hierzu gibt es eine gestaffelte Auftragsliste, in der Aufgaben, die irgendwann im Jahr, irgendwann im Monat, irgendwann in der Woche oder irgendwann am Tag erledigt werden sollen, differenziert dargestellt werden. Eine Erinnerungsfunktion für stets wiederkehrende Ereignisse (z.B. Geburtstage, Jubiläen) ist selbstverständlich auch vorhanden.

Groupware ist auch gut geeignet, den Informationsfluss zwischen Außendienstlern und dem Innendienst zur unterstützen. Dazu wird das Datenbankmodul der Groupware genutzt:
Traditionell wird der Außendienst via Papier mit Informationen über Produkte und Unternehmen (Kataloge, Preislisten, Schreiben) versorgt. Diese vergleichsweise teure Informationsversorgung wird heute überwiegend durch mobile Computer, die über ein Funknetz oder das Festnetz mit der Firmenzentrale verbunden sind, ersetzt. Damit werden die Daten aktueller denn je zuvor, sogar Bewegungsdaten (Bestände) können heute ‚remote‘ vorgehalten werden. Auf der anderen Seite ermöglicht diese ‚ständige Verbindung‘ zwischen Zentrale und Außendienst auch die Möglichkeit, dass Innendienst und Geschäftsleitung über die Aktivitäten des Außendienstes und Vereinbarungen mit Kunden zeitnah informiert werden. Dabei geht es nicht nur um die kurzfristige Einschleusung von Informationen zu den betrieblichen Standardprozessen (Aufträge, Reklamationen), sondern gerade auch um den Austausch von Wissen über den Kunden: Schnell übertragene und leicht auffindbare Besuchsberichte versetzen den Innendienst in die Lage, formale und auch informale Informationen über den Kunden aktuell zu verwerten. Hierfür hat sich der Begriff ‚Customer Relationship Management‘ (CRM) durchgesetzt.

Aus Sicherheits- und Kapazitätsgründen enthält das Notebook des Außendienstlers in aller Regel nur einen Ausschnitt der Firmendaten. Notebook und das zentrale Informationssystem werden dabei in mehr oder weniger regelmäßigen Abschnitten ‚abgeglichen' (=synchronisiert bzw. repliziert).

5 Change-Management (Grundzüge)

Anpassungsfähigkeit und Flexibilität sind Anforderungen, die mehr und mehr ins Zentrum der Organisationsgestaltung rücken. „Die Paläste müssen Zelten weichen" ist eine plakative Forderung der Praxis. Darüber hinaus wird eine lernende Organisation gefordert. In den Ausführungen zum Qualitätsmanagement haben wir gesehen, dass insbesondere aus Fehlern gelernt werden kann. Die Evolutionsforschung geht noch einen Schritt weiter: Sie behauptet, nur durch Abweichungen vom Derzeitigen, durch Mutationen, ist eine Fortentwicklung möglich. Dabei geht die Natur in kleinen Schritten vor. Ganz langsam, aber beharrlich geht es stets voran.

Können wir diese Gedanken auf die Unternehmen übertragen? Wenn wir uns die technischen ‚Revolutionen' der letzten 150 Jahre anschauen (Elektrizität, Telefon, Kraftfahrzeuge, Internet), dann mag das Bild der kleinen Schritte auf den ersten Blick wohl wenig zutreffen. Bei näherem Hinsehen erkennt man aber, dass auch unsere technischen Errungenschaften ein Ergebnis vieler kleiner Schritte des Tüftelns und Ausprobierens sind. Dass es sich eher um eine Evolution handelt, die ihre Entwicklungsimpulse aus kleinen Veränderungen, aus Mutationen erhält, erscheint durch viele Beispiele belegt:
Rasant hat sich der PC durchgesetzt und viele neue Anwendungsgebiete erschlossen, wie z. B. digitale Fotografie. Ebenso rasant beginnt sich das Internet durchzusetzen und begründet eine neue, effizientere und zugleich erweiterte Möglichkeit, Geschäfte (eBusiness) zu betreiben. Es scheint sogar, dass sich das Rad, oder besser die Spirale der Entwicklung immer schneller dreht: Die Halbwertzeit unseres verwertbaren Wissens, also die Zeit, in der das verfügbare Wissen nur noch halb so viel wert ist, wie heute, nimmt immerzu ab. Gleichzeitig wird Jahr für Jahr mehr Wissen produziert. Vor diesem Hintergrund erscheint Entwicklung bzw. Veränderung neben Wasser, Luft, Feuer und Erde als fünftes Grundelement. Ob wir wollen, oder nicht: Wir müssen mit der Veränderung leben.

Nachfolgend wollen wir uns mit den verschiedenen Möglichkeiten, Veränderungen einzuleiten und Veränderungsprozesse zu unterstützen, beschäftigen.

5.1 Veränderung durch Anordnung

Die in Abschn. 4.5 behandelten ‚Vorgehensmodelle der Organisationsgestaltung' legen den Schluss nahe, dass Organisationsveränderungen nach dem einfachen Muster ‚Planung, Umsetzung, Kontrolle' ablaufen. Hingegen ist aus der Praxis bekannt, dass dieses Muster nicht immer ‚so glatt' abläuft. Vielmehr schleppt sich ein intendierter Wandlungsprozess oft nur träge dahin, weil die Organisationsmitglieder der neuen Lösung widerstreben. Außerdem ereignet sich viel Unvorhergesehenes, die Umstellungspläne werden zur Makulatur. Die alte Routine erdrückt das Neue. [124]

Um diesen Problemen zu begegnen, könnte man auf die Idee kommen, alle diese Probleme als Folge von Planungsmängeln und -fehlern zu interpretieren, die durch bessere Organisationslösungen oder durch eine noch exaktere Planung und Vorbereitung der Realisation aufgefangen werden können (‚trying harder'). In der Praxis führten solche Überlegungen jedoch regelmäßig eher zur Verschärfung der Probleme, denn zu ihrer Verbesserung.

„Es blieb der verhaltenswissenschaftlich orientierten Organisationslehre, allen voran der Human-Ressourcen-Schule vorbehalten, den organisatorischen Wandel als eigenständiges Problem zu erkennen und spezielle Ansätze zu seiner Lösung zu entwickeln. Heute ist die Gestaltung von Wandelprozessen längst als zentrale Managementaufgabe anerkannt." [125]

Insofern ist folgende Erkenntnis wichtig: Oftmals sind weder das neue Organisationskonzept noch die Vorbereitung seiner Umsetzung das Problem. Vielmehr ist die eigentliche Umsetzung bzw. die Implementierung *immer* ein Problem, erst recht, wenn sie ‚von oben' angeordnet wird! Denn Hindernisse und Widerstände sind zunächst einmal der Normalfall. Sie dürfen auf keinen Fall ignoriert oder heruntergespielt werden, sondern es bedarf eines proaktiven Umgangs mit diesen Widrigkeiten. Nur, wer sich als Organisator diesen Hinweis ständig vor Augen hält, lässt sich bei etwaigen Rückschlägen nicht aus der Bahn werfen.

Wenn sich die mit der Implementierung verbundenen Widrigkeiten nicht verhindern lassen, so kann man sie dennoch abmildern, indem man den Veränderungen ihren Anordnungscharakter nimmt bzw. ihn abschwächt. Dazu lassen sich die betroffenen Mitarbeiter oder entsprechende Repräsentanten in die Planungs- und Vorbereitungsphase einbeziehen. Man macht ‚**Betroffene zu Beteiligten**', was den zusätzlichen Vorteil mit sich bringt, dass die gefundenen Lösungen ‚aus der Praxis für die Praxis' entwickelt werden und damit häufig sachgerechter sind. Im folgenden Abschnitt werden wir aber sehen, dass dieser Ansatz meistens an seine

---

[124] Vgl. Schreyögg, G., Organisation, Grundlagen moderner Organisationsgestaltung, 3. Aufl., Wiesbaden 1999, S. 484.

[125] Schreyögg, G., Organisation, Grundlagen moderner Organisationsgestaltung, 3. Aufl., Wiesbaden 1999, S. 484.

124

Grenzen stößt, wenn mit den Veränderungen objektive Nachteile der betroffenen Mitarbeiter verbunden sind.

5.2 Widerstand gegen Änderungen

„Jede Veränderung erzeugt Widerstand, selbst eine Veränderung zum Besseren."[126]

Dabei lässt sich der Widerstand gegen Veränderungen auf zwei Hauptgründe zurückführen: Einerseits ist es die Angst, die erworbene Sicherheit zu verlieren. Man will das Gewohnte und Vertraute nicht verlassen und gegen eine Situation der Ungewissheit eintauschen. Andererseits kann Veränderung auch Verschlechterung bedeuten: Nicht immer droht ein Einkommensverlust oder eine Einkommensreduzierung, auch die Furcht vor Kompetenz- und Prestigeverlust bei einer neuen Arbeitsorganisation oder die Angst vor sozialen Verlusten bei neuen Gruppenzusammensetzungen verschlechtert die persönliche Situation, zumindest zunächst einmal.

Bei einer **objektiven Verschlechterung** der Lebenssituation (z.B. bei einer Entlassung oder einer Abstufung) liegen die Gründe für eine Abwehrhaltung auf der Hand. „Hierfür gibt es im Rahmen des geltenden industriellen Beziehungssystems Plattformen zur Aushandlung von Kompromissen."[127] Dazu gehört beispielsweise, dass Arbeits- und / oder Tarifverträge nachverhandelt, Sozialpläne ausgehandelt und Rationalisierungs-Schutzabkommen geschlossen werden. Dieser Aspekt ist nicht Gegenstand eines ‚Change-Managements' und wird deshalb nachfolgend nicht weiter vertieft.

„Wirklich erklärungsbedürftig werden die Änderungswiderstände erst dort, wo ein veränderungsbedingter objektiver Nachteil monetärer oder nicht-monetärer Art nicht erkennbar ist." [128] Diese Möglichkeit wurde in der Vergangenheit von vielen Führungskräften häufig nicht gesehen oder sie wollte nicht gesehen werden. Genau hier setzt das Konzept ‚Change-Management' an.

Grundsätzlich sind zwei unterschiedliche Widerstandstypen zu berücksichtigen: Widerstände aus der Person und Widerstände aus der Organisation. Personenbedingte Widerstände äußern sich vor allem in

---

[126] Schmidt, Josef, Vorbilder – Leitbilder, 2.Aufl., Bayreuth 1989, S. 77.

[127] Schreyögg, G., Organisation, Grundlagen moderner Organisationsgestaltung, 3. Aufl., Wiesbaden 1999, S. 485.

[128] Schreyögg, G., Organisation, Grundlagen moderner Organisationsgestaltung, 3. Aufl., Wiesbaden 1999, S. 485.

einer gewissen Verhaltensfixierung. Man will einmal eingeschliffene Gewohnheiten beibehalten, man räumt Ersterfahrungen einen Vorrang ein, man will die Vergangenheit nicht entwerten. Organisationsbedingte Widerstände haben etwas mit der herrschenden Unternehmens- bzw. Organisationskultur zu tun. „Je enthusiastischer (stärker) die Organisationskultur, um so ausgeprägter ist der zu erwartende Widerstand."[129]

5.3 Kommunikations- und Organisationsentwicklung

Komplexe Veränderungen dienen dazu, die Stabilität des Unternehmens im dynamischen Unternehmensumfeld zu erhalten oder wieder herzustellen. Im Mittelpunkt der Veränderungen steht dabei der Mensch. Nur von ihm gehen die Veränderungsimpulse aus. Zugleich schafft er sich die Bedingungen, unter denen er künftig arbeitet. Deshalb steht am Anfang einer komplexen Veränderung die Frage: ,Welche Bedingungen müssen geschaffen werden, damit die Mitarbeiter auch künftig effektiv ihr Leistungspotential so einbringen können, dass das Unternehmen erfolgreich ist?'

,Nur sprechenden Menschen kann geholfen werden.' Dieses geflügelte Wort zeigt deutlich, worauf es bei der Überwindung von Widerständen ankommt: Kommunikation, Kommunikation, und noch einmal Kommunikation. Zwischen Kommunikation (bzw. Interaktion) und Organisationsentwicklung (OE) besteht ein enger Zusammenhang. Sehr oft wird OE mit Kommunikation auf eine Stufe gestellt; in manchen Fällen wird ein Kommunikationstraining bereits als OE bezeichnet. In den folgenden Ausführungen ist deshalb zu klären, in welcher Beziehung die beiden Begriffe zueinander stehen.

Organisationsentwicklung hat zum Ziel, die Arbeitsbedingungen zu verbessern sowie die Flexibilität und Veränderungsbereitschaft einer Organisation - und damit auch den Erfolg - zu erhöhen.

Umfassende Maßnahmen zur Verbesserung der Kommunikation und Interaktion (der Einfachheit halber *Kommunikationsentwicklung* (KE) genannt) stellen ebenfalls ein umfassendes Konzept zur Veränderung der betrieblichen Wirklichkeit dar.

OE und KE sind sich somit sehr ähnlich; beide Konzepte
* *haben das Ziel, einerseits die Leistungsfähigkeit des Unternehmens zu erhöhen und andererseits eine Verbesserung der Qualität des*

---

[129] Schreyögg, G., Organisation, Grundlagen moderner Organisationsgestaltung, 3. Aufl., Wiesbaden 1999, S. 485.

126

Arbeitslebens zu erreichen (wobei beide Ziele gleichrangig und interdependent sind),

- *entwickeln dabei ein prozessorientiertes Vorgehen, indem sie einen Lern- und Entwicklungsprozeß der Organisation und der in ihr tätigen Menschen initiieren,*
- *haben eine ganzheitliche Perspektive, bei der die Organisation, das Individuum und die Umwelt in ihren Wechselwirkungen und Systemzusammenhängen betrachtet werden.*

Unterschiede ergeben sich in der
- *Komplexität*
  (OE ist, was die Anzahl der zu verändernden Größen und die Wirkung angeht, breiter und komplexer; durch OE werden mehr betriebliche Komponenten angesprochen)
und bei den
- *Einsatzmöglichkeiten*
  (OE lässt sich vielseitig einsetzen; der Einsatz von KE ist dagegen auf kommunikative und interaktive Problemstellungen begrenzt).

Der wesentliche Unterschied zwischen OE und KE besteht darin, dass OE primär *problemorientiert* vorgeht (der Prozess entwickelt sich an einem konkreten betrieblichen Problem, z.B. der Feststellung einer mangelhaften Innovationsleistung), dass hingegen die KE eher *methodisch orientiert* ist.

Die Phasen der Organisationsentwicklung können mit Greiner[130] wie folgt dargestellt werden: Voraussetzung für die Einleitung umfassender Wandlungsprozesse ist es, dass auf dem Management ein entsprechender Handlungsdruck lastet. Mit Hilfe (meistens) externer Berater werden die existierenden Probleme in der zweiten Phase gewissermaßen mit einer ‚anderen Brille‘ betrachtet. Dabei ist es wichtig, dass diese Berater nicht sofort mit fertigen Lösungen aufwarten, sondern die Fähigkeit besitzen, sich selbst in die Tiefen der Problematik einzuarbeiten. Dies setzt voraus, dass das Management vom externen Berater keine schnellen Lösungen erwartet. In der dritten Phase wird versucht, ein gemeinsames Verständnis von den relevanten Problembereichen zu erzeugen. Erst dann kann in der vierten Phase die Entwicklung neuer Problemlösungsmöglichkeiten erfolgen. Diese werden in der darauf folgenden Phase getestet. Erst nach Feststellen der Testergebnisse werden die erfolgreichen Lösungen verstärkt und multipliziert.

Die Beschreibung des Phasenverlaufs macht deutlich, dass es nicht, wie in der klassischen Betriebswirtschaftslehre, um das Finden der (einzigen)

---

[130] Vgl. Schreyögg, G., Organisation, Grundlagen moderner Organisationsgestaltung, 3. Aufl., Wiesbaden 1999, S. 501.

optimalen Lösung geht; vielmehr steht die gemeinsame Bestimmung von Problembereichen und Lösungen im Mittelpunkt.

Der Konsens über die Problemsicht auf der einen Seite, die praktische Erprobung von Lösungsmöglichkeiten auf der anderen Seite stellen die beiden Eckpfeiler des OE-Ansatzes dar.

Ein Beispiel für KE stellt ein unternehmensweites Führungskräftetraining dar, in dem Team- und Jahresgespräche geübt werden. Dieses Führungskräftetraining ist ähnlich dem dargestellten Phasenmodell zu entwickeln, statt es bei externen Trainingsinstituten ‚von der Stange' zu kaufen.[131]

Das gleiche Beispiel ist OE zuzuordnen, wenn die Führungskräfte die ‚neue Art der Führung' mittels Zielvereinbarungen in das Strategiesystem des Unternehmens einbetten und sie flankierend mit zusätzlichen Kompetenzen (- z.B. der Komptetenz, im Rahmen eines Budgets Gehälter mit den Mitarbeiter zu verhandeln -) ausgestattet werden.

5.4 Wissensmanagement

Auch das Konzept Wissensmanagement, das in der älteren Literatur auch als ‚Organisationales Lernen' und in der neueren Literatur auch als ‚Business Knowledge Management' bezeichnet wird, stellt ein umfassendes Konzept zur steten Veränderung des Unternehmens dar. Dieses Konzept stellt die Ressource ‚Wissen' in den Mittelpunkt. Dabei wird insbesondere davon ausgegangen, dass Wissen nicht einfach nur vorhanden ist, sondern ständig neu geschaffen wird[132] und, um die Überlebensfähigkeit zu sichern, ständig neu geschaffen werden muss.

Der Prozess des Wissenserwerbs in einer Organisation (= organisationales Lernen) lässt sich nach Nonaka und Takeuchi wie folgt beschreiben: Die Menschen in einer Organisation verfügen über *implizites Wissen*. Dieses implizite Wissen kann selbstverständlich unmittelbar in die Produkte und Dienstleistungen eingehen. Zum Beispiel weiß der Werkzeugmacher ganz genau, wie er den Greifflächen einer Zange die notwendige Härte gibt, ohne dieses Wissen zu artikulieren.

Beim organisationalen Lernen kommt es aber entscheidend darauf an, dass das Wissen eines Menschen auf die anderen Mitglieder der Orga-

---

[131] Vgl. Lachmann, C., Siebenbrock, H., Mitarbeiterentwicklung auf der Grundlage von Selbstverantwortung und Vertrauen, in: Der Verbund, 6/1998.

[132] Vgl. die Arbeiten von Ikujiro Nonaka und Hirotaka Takeuchi, zusammengefasst in: Simon, Hermann (Hg.), Wissensmanagement, in: Das große Handbuch der Strategiekonzepte, 2. Aufl., Frankfurt a.M. u.a. 2000, S. 339 – 351.

128

nisation übertragen und somit zum *explizitem Wissen* wird. Dies geschieht sowohl ohne Sprache (= Internalisierung), also durch Beobachtung und Nachahmung, als auch durch Sprache (= Externalisierung).

Neues Wissen wird nach der Vorstellung von Nonaka und Takeuchi geschaffen, indem die Wissenserwerber durch das nun explizit gewordene Wissen angeregt werden, sich selbst Gedanken zu machen und damit neues, zunächst noch implizites Wissen schaffen. Vor diesem Hintergrund bekommt der Wissensaustausch zwischen den Mitarbeitern in einer Unternehmung eine ganz besondere Bedeutung.

Ganz praktisch kommt es im Rahmen des Wissensmanagements zum einen darauf an, die neuen Techniken der Informationsverarbeitung zum Wissensaustausch zu nutzen. Zum anderen muss auch ein Klima geschaffen werden, das gerade nicht von Geheimniskrämerei geprägt ist, sondern zum Austausch von Wissen einlädt.

Die technischen Möglichkeiten zum Austausch von Wissen haben sich in den letzten Jahren sprunghaft verbessert. Schriftliche Informationen müssen nicht mühsam auf dem physischen Wege mit Hilfe von Papier ausgetauscht und archiviert werden; vielmehr sind eMails und elektronische Archive heute selbstverständlich. Gut aufbereitete elektronische Archive in Form von Datenbanken (in Kombination mit Inter- bzw. besser: Intranettechnologien) erlauben darüber hinaus einen jederzeitigen und extrem beschleunigten Zugriff auf vorhandenes Wissen. Insofern hat Wissensmanagement vor allem damit zu tun, die Mitarbeiter in die Lage zu versetzen, diese neuen Techniken zu nutzen.

Voraussetzung dazu ist es auch, das Wissensangebot sinnvoll zu strukturieren und um Suchfunktionen zu ergänzen. Moderne Systeme beinhalten nicht nur die Volltextrecherche, sondern auch unscharfe Suchfunktionen, die auch dann Treffer erlauben, wenn ein Begriff oder eine Frage nicht exakt formuliert wurde. Darüber hinaus sollten die Angebote durch ‚links‘ miteinander verknüpft werden. Selbstverständlich ist darauf zu achten, dass das System durch ein geeignetes Berechtigungskonzept gegen fremden und unberechtigten Zugriff geschützt wird.

Ein weiterer wichtiger Aspekt des Wissensmanagements besteht darin, existierende Barrieren in den Köpfen der Mitarbeiter aufzulösen. Denn es ist unbestritten, dass sich ein Mitarbeiter durch Wissenszurückhaltung getreu dem Motto ‚Wissen ist Macht‘ durchaus in eine bessere Position bringen kann. Insofern muss es dem Unternehmen gelingen, Anreize zu schaffen, die die Preisgabe und den Austausch von Wissen unterstützen. Dazu kann zum Beispiel ein Bewertungssystem aufgebaut werden, indem die von den Mitarbeitern ins jeweilige Intranet eingestellten Wissensbeiträge entsprechend ihrer Zugriffshäufigkeit bewertet werden. Eine Kopplung dieser Methode an die leistungsorientierte Entlohnung oder andere monetäre oder nichtmonetäre Anreizsysteme (z.b. Prämien) würde den Wissenbeitrag der Mitarbeiter steigern helfen.

Abschließend sei ein praktisches Beispiel für die Einführung und Umsetzung von Wissensmanagement vorgetragen, bei dem auch das Setzen von zielführenden Anreizen berücksichtigt wurde: In einem Beraternetzwerk wurde der Beschluss gefasst, die in verschiedenen Projekten gemachten Erfahrungen noch intensiver nutzen zu wollen. Denn jeder Berater konnte zwar auf seine eigenen Erfahrungen zurückgreifen, die Erfahrungen der Kollegen, die in anderen Projekten gemacht wurden, blieben ihm in aller Regel mehr oder weniger verschlossen. Die Lösung war einfach: Es wurden zwei Datentöpfe geschaffen. Alle Projektleiter wurden verpflichtet, über das jeweils durchgeführte Projekt zeitnah in einer stukturierten ‚Projektdatenbank' zu berichten. Durchgeführte und geplante Meilensteine waren genauso einzutragen wie besondere Vorkommnisse, beteiligte eigene und fremde Mitarbeiter und so weiter. In diese zweite Datenbank, die selbstverständlich mit der Projektdatenbank verknüpft wurde, sollten die Mitarbeiter aus ihrer Sicht ihre Erfahrungen, ihre durchgeführten Aus- und Weiterbildungsmaßnahmen sowie ihre besonderen Qualifikationen eintragen. Der Hinweis auf die Projekte, an denen die Mitarbeiter beteiligt waren, ergab sich automatisch aus der Projektdatenbank. Gegen diese ‚Mitarbeiterdatenbank' gab es zunächst massive Widerstände, da einige Mitarbeiter meinten, dass diese Datenbank einer internen Veröffentlichung der Personalakte gleichkomme. Man kam den Kritikern insofern entgegen, als es jedem Mitarbeiter selbst überlassen blieb, ob er Eintragungen vornehmen wollte. Im Laufe der Zeit stellte sich aber heraus, dass die Mitarbeiter, die ihre Daten vollständig und authentisch eintrugen, bei der Vergabe neuer Projekte bevorzugt berücksichtigt wurden. Fortan beeilten sich auch die nachlässigen oder zurückhaltenden Mitarbeiter, die Mitarbeiterdatenbank mit Informationen zu füllen.

Literaturverzeichnis

Ahlert, D., Franz, K.-P., Kaefer, W., Grundlagen und Grundbegriffe der Betriebswirtschaftslehre, 5. Aufl., Düsseldorf 1990

Ahlert, D., Siebenbrock, H., Der Großhandelsbegriff im Spannungsfeld marketing-wissenschaftlicher, wettbewerbspolitischer und wettbewerbsrechtlicher Betrachtungen, in: Betriebs-Berater, Beilage 15 zu Heft 23/1987

Baumberger, H.-U., Die Entwicklung der Organisationsstruktur in wachsenden Unternehmungen, 2. Aufl., Bern/ Stuttgart 1968

Berning, Ralf, Grundlagen der Produktion, Berlin 2001

Bleicher, K., Organisation, Strategien – Strukturen – Kulturen, 2. Aufl., Wiesbaden 1991

Bleicher, K., Das Konzept Integriertes Management, 4. Aufl., Frankfurt/ New York 1996

Der Ministerpräsident des Landes Nordrhein-Westfalen, Call Center Offensive NRW, Düsseldorf, November 1998

Ebel, B., Qualitätsmanagement, Herne/ Berlin 2001

Grob, H.L., Einführung in die Investitionsrechnung, 2. Aufl., München 1995

Grochla, E., Unternehmensorganisation, Reinbek bei Hamburg, 1972

Gutenberg, E., Einführung in die Betriebswirtschaftslehre, Wiesbaden 1958

Gutenberg, E., Grundlagen der Betriebswirtschaftslehre, Band 1: Die Produktion, 23. Aufl., Berlin u.a. 1979

Hammer, M., Champy, J., Business Reengineering, 5. Auflage, Frankfurt/Main; New York 1995

Helfrich, C., Praktisches Prozess-Management, München/ Wien 2001

Hindle, T., Die 100 wichtigsten Management-Konzepte, München 2001

Kasper, H., Heimerl-Wagner, P., Organisation, in: Management-Seminar Personal, Führung, Organisation, Wien 1993

Kosiol, E., Organisation der Unternehmung, 2. Aufl., Wiesbaden 1976 (zuerst 1962)

Lachmann, C., Siebenbrock, H., Mitarbeiterentwicklung auf der Grundlage von Selbstverantwortung und Vertrauen, in: Der Verbund, 6/1998

Malik, F., Führen, Leisten, Leben, 8. Aufl., Stuttgart/ Münschen 2000

Meffert, Heribert, Marketing, Einführung in die Absatzpolitik, 6. Aufl., Wiesbaden 1982

o.V., Anleihen bei Stradivari, in: Manager Magazin, Nov. 1996, S. 26

o.V., Geschäftsbericht 2000 der Douglas Holding Aktiengesellschaft, Hagen 2001

o.V., No Mobbing - Telejobbing, in: Eins, Magazin der Vereinte Krankenversicherung, Juli 2001, S. 24

Olbrich, R., Siebenbrock, H., CWWS im Hartwarenhandel, in: Dynamik im Handel, 8/1996

Olfert, K., Steinbuch, P. A., Organisation, Kompendium der praktischen Betriebswirtschaft, 13. Auflage, Ludwigshafen 2003

Röthig, P., Grundbegriffe der Organisation. 6. Aufl., Gießen 1989

Schierenbeck, H., Grundzüge der Betriebswirtschaftslehre, 7. Auflage, München/ Wien 1983

Schmidt, J., Vorbilder – Leitbilder, 2.Aufl., Bayreuth 1989

Schreyögg, G., Organisation, Grundlagen moderner Organisationsgestaltung, 3. Aufl., Wiesbaden 1999

Schulte-Zurhausen, M., Organisation, 3. Aufl., München 2002

Siebenbrock, H., Abteilungen mit Unternehmersinn (AmU) im Handel, Frankfurt 1992

Siebenbrock, H., Handelsorganisation aus der Froschperspektive, in: Absatzwirtschaft 10/1992

Siebenbrock, H., Managementwerkzeuge zur Verbesserung von Geschäftsprozessen, in: Distribution und Handel in Theorie und Praxis, Festschrift für D. Ahlert, Hrsg.: H. Schröder u.a., Wiesbaden 2009, S. 243 – 262

Siebenbrock, H., Organisationsdefizite im Handel - Folge der Vernachlässigung eines elementaren Strategiebausteins? in: Zeitschrift für Organisation 11/ 1993

Siebenbrock, H., Zeilinger, H., Kernpunkte der Betriebswirtschaft, Münster 2004

Simon, H. (Hg.), Wissensmanagement, in: Das große Handbuch der Strategiekonzepte, 2. Aufl., Frankfurt a.M. u.a. 2000

Sprenger, R. K., Aufstand des Individuums, Frankfurt/Main, New York 2000

Sprenger, R. K., Das Prinzip Selbstverantwortung, 3. Aufl., Frankfurt a.M. 1996

Sprenger, R.K., Mythos Motivation, 9. Aufl., Frankfurt/Main, New York 1995

Tiemeyer, E., MS-Projekt, Projekte erfolgreich planen und managen, Hamburg 1999

Wahren, K., Zwischenmenschliche Kommunikation und Interaktion in Unternehmen, Berlin/ New York 1987

Weinert, P., Organisation, München 2002

Wittlage, H., Unternehmensorganisation, 6. Aufl., Herne/Berlin 1998

Womack, J. P., Jones, D. T., Roos, D., Die zweite Revolution in der Autoindustrie, Frankfurt a.M. u.a. 1991

132

Stichwortverzeichnis

R

Rahmenprogrammierung · 35, 40
Rationalisierung · 64
Realgüterstrom · 37, 38
Routinisierung · 34, 35

S

Sachziel · 10, 11, 16
Sekundärmaterial · 46, 65
Selbstaufschreibung · 81, 82
Six Sigma (6σ) · 87
Spezialisierung · 16, 26, 65, 72
Stabliniensystem · 26, 27, 28, 93
Standardisierung · 34, 35, 82, 83, 85
Stellenbeschreibung · 101
Steuerungsprozess · 35, 36, 102
Systemsicherung · 109

T

Teilzyklisches Vorgehensmodell · 103
Teleworking · 35, 55, 56, 57
TQM (Total Quality Management) · 87

V

Veränderungsmanagement · 16
Verbundnummer · 108
Verbundproduktion · 43
Verfahrensklasse · 43
Vergütung · 39, 84
Verrichtungsdezentralisation · 21
Verrichtungszentralisation · 20, 21, 33, 73, 74
Versionenkonzept · 104, 105
VMI (vendor managed inventory) · 46
VoFi · 40

W

Warengruppe · 14
Wertschöpfung · 42, 85
Wissensmanagement · 89, 118, 127, 128, 129, 131
Workflow · 119
WWS · 42, 112, 113

Z

Zentralisation · 9, 21, 22, 72, 73, 75
Zero-Base-Budgeting · 84
Zielvereinbarung · 102

Standardfälle Handels- & Gesellschaftsrecht

Zur gezielten Vorbereitung auf die ersten Klausuren im Handels- & GesR
ISBN 978-3-86724-122-9
7,90 €

Einführung in das Bürgerliche Recht
Mit Beispielen und Schemata
für den leichten Einstieg
ISBN 978-3-86724-020-8
7,90 €

Standardfälle Zivilrecht
Zur gezielten Vorbereitung auf die ersten Klausuren im BGB

ISBN 978-3-86724-000-0
7,90 €

▶ Unsere ▫ Skripten ▤ Karteikarten ♪ Hörbücher (CD & MP3)

Zivilrecht
▫ Standardfälle für Anfänger ▫ Standardfälle Fortg. (7,9 €)
▫ Grundlagen und Fälle BGB für 1. und 2. Sem. (9,90 €)
▫ ♪ Standardfälle BGB AT (7,90 €)
▫ ♪ Standardfälle Schuldrecht (7,90 €)
▫ Standardfälle Ges. Schuldverh., §§ 677, 812,823 (7,90 €)
▫ ♪ Standardfälle Sachenrecht (7,90 €)
▫ Standardfälle Familien- und Erbrecht (7,90 €)
▫ Originalklausuren Übung für Fortgeschrittene (7,90 €)
▫ ♪ Basiswissen BGB (AT) (Frage-Antwort) (7 €)
▫ ♪ Basiswissen SchuldR (AT) ▫ ♪ SchuldR (BT) (7 €)
▫ ♪ Basiswissen Sachenrecht, ▫ ♪ FamR, ▫ ♪ ErbR
▫ Einführung in das Bürgerliche Recht (7,90 €)
▫ Studienbuch BGB (AT) (9,90 €)
▫ Studienbuch Schuldrecht (AT) (9,90 €)
▫ Schuldrecht (BT) 1 - §§ 437, 536, 634, 670 ff. (7,90 €)
▫ Schuldrecht (BT) 2 - §§ 812, 823, 765 ff. (7,90 €)
▫ SachenR 1 – Beweg. S., ▫ SachenR 2 – Unb. S. (7,9 €)
▫ Familienrecht und ▫ Erbrecht (Einführungen) (7,90 €)
▫ Streitfragen Schuldrecht (7 €)
▫ ♪ Definitionen für die Zivilrechtsklausur (9,90 €)

Strafrecht
▫ ♪ Standardfälle für Anfänger Band 1 (9,90 €)
▫ Standardfälle für Anfänger Band 2 (7,90 €)
▫ Standardfälle für Fortgeschrittene (9,90 €)
▫ ♪ Basiswissen Strafrecht (AT) (Frage-Antwort)
▫ ♪ Basiswissen Strafrecht BT 1 und ▫ ♪ BT 2 (7 €)
▫ Strafrecht (AT) (7,90 €)
▫ Strafrecht (BT) 1 – Vermögensdelikte (7,90 €)
▫ Strafrecht (BT) 2 – Nichtvermögensdelikte (7,90 €)
▫ ♪ Definitionen für die Strafrechtsklausur (7,90 €)

Öffentliches Recht
▫ Standardfälle Staatsrecht I – StaatsorgaR (9,90 €)
▫ Standardfälle Staatsrecht II – GrundR (7,90 €)
▫ ♪ Standardfälle f. Anfänger (StaatsorgaR u. GRe) (7,9 €)
▫ Standardfälle Verwaltungsrecht (AT) (9,90 €)
▫ Standardfälle Polizei- und Ordnungsrecht (7,90 €)
▫ Standardfälle Baurecht (9,90 €)
▫ Standardfälle Europarecht (9,90 €)
▫ Standardfälle Kommunalrecht (7,90 €)
▫ ♪ Basiswissen StaatsR I –StaatsorgaR (Fr-Antw.) (7 €)
▫ ♪ Basiswissen StaatsR II –GrundR (Frage-Antw.) (7 €)
▫ Basiswissen VerwaltungsR AT– (Frage-Antwort) (7 €)
▫ Studienbuch Staatsorganisationsrecht (9,90 €)
▫ Studienbuch Grundrechte (9,90 €)
▫ Studienbuch Verwaltungsrecht AT (9,90 €)
▫ Studienbuch Europarecht (12 €) u. ♪ Basiswissen EuR
▫ Staatshaftungsrecht (7,90 €)
▫ VerwaltungsR AT 1 – VwVfG u. ▫ AT 2–VwGO (7,90 €)
▫ VerwaltungsR BT 1 – POR (7,90 €)
▫ VerwaltungsR BT 2 – BauR ▫ BT 3 – UmweltR (7,90 €)
▫ ♪ Definitionen Öffentliches Recht (9,90 €)

Steuerrecht
▫ Abgabenordnung (AO) (8,90 €)
▫ Einkommensteuerrecht (EStG) (9,90 €)
▫ Erbschaftsteuerrecht (7,90 €)
▫ Steuerstrafrecht/Verfahren/Steuerhaftung (7,90 €)

Sozialrecht
▫ Kinder- und Jugendhilferecht (7,90 €)
▫ Sozpäd. Diagn.: SPFH & ambul. Hilfen d. KJH
▫ Sozialrecht (7,90 €)

Nebengebiete
▫ Standardfälle Handels- & GesellschaftsR (7,90 €)
▫ Standardfälle Arbeitsrecht (7,90 €)
▫ Standardfälle ZPO (8,90 €)
▫ ♪ Basiswissen HandelsR (Frage-Antwort) (7 €)
▫ ♪ Basiswissen Gesellschaftsrecht (Fra.-Antwort)
▫ ♪ Basiswissen ZPO (Frage-Antwort) (7,90 €)
▫ ♪ Basiswissen StPO (Frage-Antwort) (7 €)
▫ Handelsrecht (7,90 €)
▫ Gesellschaftsrecht (7,90 €)
▫ Arbeitsrecht (7,90 €)
▫ Kollektives Arbeitsrecht (9,90 €)
▫ ZPO I – Erkenntnisverfahren (7,90 €)
▫ ZPO II – Zwangsvollstreckung (7,90 €)
▫ Strafprozessordnung – StPO (7,90 €)
▫ Einf. Internationales Privatrecht - IPR (9,90 €)
▫ Standardfälle IPR (9,90 €)
▫ Insolvenzrecht (8,90 €)
▫ Gewerbl. Rechtsschutz/Urheberrecht (8,90 €)
▫ Wettbewerbsrecht (7,90 €)
▫ Ratgeber 500 Spezial-Tipps für Juristen (12 €)
▫ Mediation (7,90 €)

Karteikarten (je 8,90 €)
▤ Zivilrecht: BGB AT/Grundlagen/ ♪ Schemata
▤ Strafrecht: AT/BT-1/BT-2/Streitfragen
▤ Öffentliches Recht: StaatsorgaR/GrundR/VerwR

Assessorexamen
▫ Die Relationstechnik (7 €)
▫ Der Aktenvortrag im Strafrecht (7,90 €)
▫ Der Aktenvortrag im Wahlfach Strafrecht
▫ Der Aktenvortrag im Zivilrecht (7,90 €)
▫ Der Aktenvortrag im Öffentlichen Recht (7,90 €)
▫ Urteilsklausuren Zivilrecht (7,90 €)
▫ Staatsanwaltl. Sitzungsdienst & Plädoyer (7,90 €)
▫ Die strafrechtliche Assessorklausur (7,90 €)
▫ Die Assessorklausur VerwR Bd. 1 (7,90 €)
▫ Die Assessorklausur VerwR Bd. 2 (7,90 €)
▫ Zwangsvollstreckungsklausuren (7,90 €)
▫ Vertragsgestaltung in der Anwaltsstation (7 €)

BWL & VWL
▫ Einführung i. die Betriebswirtschaftslehre (7,90 €)
▫ Einführung in die Volkswirtschaftslehre (7,90 €)
▫ Rechnungswesen (7,90 €)
▫ Marketing (7 €)
▫ Organisationsgestaltung & -entwickl. (7,90 €)
▫ Internationales Management (7 €)
▫ Wie gelingt meine wiss. Abschlussarbeit? (7 €)
▫ Ratgeber Assessment Center (9,90 €)
Irrtümer und Änderungen vorbehalten!

Schemata
▫ Die wichtigsten Schemata-ZivR,StrafR,ÖR (12 €)
▫ Die wichtigsten Schemata–Nebengebiete (9,90 €)

Irrtümer und Änderungen vorbehalten!

♪ bedeutet: auch als **Hörbuch** (Audio-CD oder MP3) lieferbar!

Im **niederle-shop.de** bestellte Artikel treffen idR *nach 1-2 Werktagen* ein!